信息技术基础实训教程

张立立　王彤　刘晨　陈郭成　郭崇双　主编

人民邮电出版社

北　京

图书在版编目（CIP）数据

信息技术基础实训教程 / 张立立等主编. -- 北京：
人民邮电出版社，2022.12
ISBN 978-7-115-59865-3

Ⅰ. ①信… Ⅱ. ①张… Ⅲ. ①电子计算机—教材
Ⅳ. ①TP3

中国版本图书馆CIP数据核字(2022)第147493号

内 容 提 要

本书系统讲述了大学生信息技术基础实践能力培养实训的内容，全书分为 6 章，分别介绍实验室管理及用电安全、实验软硬件开发环境、基于单片机的程序设计及焊接实践、基于树莓派的应用系统实践、智能家居的设计与应用实践及通用计算机系统实践。在内容选择上，本书既保留传统基础性实验，同时又增加了新兴热门知识；在实际操作训练中，严格按照工程要求和流程进行操作，手把手教学，使学生掌握基本技能和工艺制造流程。本书通过实际案例，抛砖引玉，以使学生能在相关领域独立完成技术方案，从工程实际的角度培养学生的工程素养、动手能力及分析问题和解决问题的能力。

本书适合作为高校计算机、电子信息等相关专业教材使用，也适合感兴趣的读者作为参考用书。

◆ 主　　编　张立立　王　彤　刘　晨　陈郭成　郭崇双
　　责任编辑　李　瑾
　　责任印制　王　郁　焦志炜
◆ 人民邮电出版社出版发行　　北京市丰台区成寿寺路 11 号
　　邮编　100164　电子邮件　315@ptpress.com.cn
　　网址　https://www.ptpress.com.cn
　　山东百润本色印刷有限公司印刷
◆ 开本：787×1092　1/16
　　印张：9.5　　　　　　　　　　2022 年 12 月第 1 版
　　字数：248 千字　　　　　　　2022 年 12 月山东第 1 次印刷

定价：39.80 元

读者服务热线：(010)81055410　印装质量热线：(010)81055316
反盗版热线：(010)81055315
广告经营许可证：京东市监广登字 20170147 号

前言

写作背景

随着我国社会经济、科学技术和高等教育的快速发展，以及新形势下，全球化、创新经济、工程复杂性和可持续发展面临的一系列问题，工程科技人才的就业市场发生了巨大变化，也对我国的工程教育提出了新的挑战。

正是在此背景下，我们总结以往的教学经验，以培养应用型、研究型人才为目标，以强化基础、重视能力、面向应用、鼓励创新为教学理念，针对计算机类、电子信息类和生物工程等专业本科生开设了多层次、立体化的实训教学体系，在提供教学和实验平台的同时，为学生竞赛、创新创业，以及科研活动提供了实验环境和支撑平台。本书包含大量有趣的与工程和生活相关的实践内容，借鉴了国内外一些著名高校的教学方法，通过实训项目的设计，让学生自己制定实验计划和实验方法，针对在实训过程中出现的问题逐步完善实验方法和实验步骤，实现预定目标，进而提高学生工程设计能力和训练水平。

本书内容

本书在内容选择上，既保留传统基础性实验，同时又增加了新兴热门知识；在实际操作训练中，严格按照工程要求和流程进行操作，手把手教学，使学生掌握基本技能和工艺制造流程。本书通过实际案例，抛砖引玉，使学生在相关领域能够独立完成技术方案，从工程实际的角度培养学生的工程素养、动手能力、分析问题和解决问题的能力。

全书分为6章，系统地讲述了大学生信息技术基础实践能力培养实训的内容。第1章为实验室管理及用电安全，让学生了解实训的要求及安全操作规程，使学生树立安全用电的意识。第2章介绍实验软硬件开发环境，让学生掌握单片机 Keil C51 的安装与操作、树莓派操作系统的烧录和相关软件的安装。第3章为基于单片机的程序设计及焊接实践，让学生掌握单片机的基础知识，学会电子产品的焊接和调试。第4章为基于树莓派的应用系统实践，让学生掌握树莓派的系统应用和编程。第5章为智能家居的设计与应用实践，让学生掌握智能家居系统的设计。第6章为通用计算机系统实践，让学生掌握计算机的基本组成和操作系统安装。书后附录部分，提供了各实训内容的报告模板和实验要求。

本书特色

（1）抛砖引玉，引导方向。由于实验学时和本书字数的限制，本书实训内容旨在引导学生的研究方向，在每个实训内容背后都配有一套完整的实验案例教学，学生在实训后，可根据自己感兴趣的方向，选择开放实验培训内容，在相应领域深耕。

（2）步骤详细，易于理解。本书图文丰富，手把手教学，从基础案例出发，通过层次化实训内容，逐步引导学生进行系统设计，使其能够快速地掌握相关知识。

（3）线上线下，虚实结合。书中案例以实物操作为主，锻炼学生的动手能力。由于疫情等原因，线上教学、虚拟实验越来越受到重视，可以作为实物教学很好的辅助手段，因此本书中增加了智能家居虚拟系统设计，能够让学生完成实物实训中无法实现的家居环境设计，拓展了实验的深度和宽度。

　　本书在编写过程中，参考和引用了许多专家、学者的论著、教材和其他资料，在此谨向原作者表示衷心的感谢。

　　由于编者水平所限，书中难免会有不妥之处，敬请业内专家和广大读者批评指正。

资源与支持

本书由异步社区出品，社区（https://www.epubit.com）为您提供相关资源和后续服务。

提交勘误

作者和编辑尽最大努力来确保书中内容的准确性，但难免会存在疏漏。欢迎您将发现的问题反馈给我们，帮助我们提升图书的质量。

当您发现错误时，请登录异步社区，按书名搜索，进入本书页面，单击"提交勘误"，输入勘误信息，单击"提交"按钮即可，如下图所示。本书的作者和编辑会对您提交的勘误进行审核，确认并接受后，您将获赠异步社区的 100 积分。积分可用于在异步社区兑换优惠券、样书或奖品。

扫码关注本书

扫描下方二维码，您将会在异步社区微信服务号中看到本书信息及相关的服务提示。

与我们联系

我们的联系邮箱是 contact@epubit.com.cn。

如果您对本书有任何疑问或建议，请您发邮件给我们，并请在邮件标题中注明本书书名，以便我们更高效地做出反馈。

如果您有兴趣出版图书、录制教学视频，或者参与图书翻译、技术审校等工作，可以发邮件给我们；有意出版图书的作者也可以到异步社区在线投稿（直接访问 www.epubit.com/contribute 即可）。

如果您是学校、培训机构或企业用户，想批量购买本书或异步社区出版的其他图书，也可以发邮件给我们。

如果您在网上发现有针对异步社区出品图书的各种形式的盗版行为，包括对图书全部或部分内容的非授权传播，请您将怀疑有侵权行为的链接发邮件给我们。您的这一举动是对作者权益的保护，也是我们持续为您提供有价值的内容的动力之源。

关于异步社区和异步图书

"异步社区"是人民邮电出版社旗下 IT 专业图书社区，致力于出版精品 IT 技术图书和相关学习产品，为作译者提供优质出版服务。异步社区创办于 2015 年 8 月，提供大量精品 IT 技术图书和电子书，以及高品质技术文章和视频课程。更多详情请访问异步社区官网 https://www.epubit.com。

"异步图书"是由异步社区编辑团队策划出版的精品 IT 专业图书的品牌，依托于人民邮电出版社数十年的计算机图书出版积累和专业编辑团队，相关图书在封面上印有异步图书的 LOGO。异步图书的出版领域包括软件开发、大数据、人工智能、软件测试、前端、网络技术等。

异步社区

微信服务号

目录

第5章

智能家居的设计与应用实践 ... 69

第6章

通用计算机系统实践 97

附录

第1章
实验室管理及用电安全

01

本章内容概述

本章主要介绍实验安全方面相关规章制度和实训要求，分为四部分：实训的基本要求中规定了使用实验仪器、实验元器件及焊接等的注意事项；实训的安全操作规程部分描述了实验时应遵守的操作规程；实训的用电安全中重点介绍触电的急救措施和急救方法；实验室的医疗救护常识中介绍了遇到不同危险情况下的救护方法。

本章知识点

- 实训的基本要求
- 实训的安全操作规程
- 触电的急救和治疗方法
- 实验室医疗救护常识

实验室是高等学校进行教学实践和开展科学研究的重要基地，也是学校对学生全面实施综合素质教育，培养学生实验技能、知识创新和科技创新能力的必备场所。

实验室安全是高等学校实验室建设与管理的重要组成部分，关系到学校实验教学和科学研究的顺利开展。做好实验室安全工作，可以使国家财产免受损失，师生员工的人身安全得到充分保障，对高等学校乃至全社会的安全和稳定都至关重要。

近年来，实验室安全事故引发人员伤亡和财产损失的事件时有发生，这也为我们敲响了警钟，使我们不得不对实验室安全予以高度的关注和重视。因此，重视实验室安全，保障实验者的人身安全、实验室财产安全显得尤为重要。只有在安全的基础上，实验室诸项工作才能得以顺利进行。为了更好地履行高等院校实验室所承载的使命，我们需要时刻把实验室的安全放在首位，让学生在进入实验室之前，充分了解实验室内的规章制度、操作规范及应急处理等各种涉及实验室安全的问题，保证师生的人身安全，确保实验研究的顺利进行。

1.1 实训的基本要求

本书的实训内容涉及四个方面，分别为基于单片机的程序设计及焊接实践、基于树莓派的应用系统实践、智能家居的设计与应用实践、通用计算机系统实践。实验需要的元器件及设备较多，因此要注意爱护仪器设备，节约使用元器件，保持实验室的环境卫生，遵守实验室安全管理规定。实训的基本要求如下。

（1）实验中要正确使用实验仪器，非本次实验所用仪器仪表一律不得乱拿乱动，实验仪器不准带出实验室。

（2）实验过程中要节约使用实验元器件，不能将元器件到处乱扔，保持实验桌面整洁，保持实验室环境卫生。

（3）实验过程中如发现元器件烧毁或者仪器损坏，应立即关闭电源，向指导老师报告，查明事故原因。

（4）实验完成连线通电之前，须认真检查电路，或经指导教师确认电路连接无误后方可上电。

（5）严禁带电拆线、接线、接触带电线路的裸露部分和机械转动部分。

（6）做实验时要求衣袖整齐，留长发的同学要戴帽子，以免触电发生人身安全事故。

（7）实验室内严禁吸烟、随便吐痰、乱扔纸屑。不得在实验台上乱写乱画、乱做标记。

（8）焊接时，要注意不使用烙铁时马上将其放回烙铁架，以免被烙铁烫伤。同时也要注意使用烙铁时不要烫坏实验台上的其他物品。实验中如发生烫伤，应立即报告指导教师，涂抹烫伤药膏，并去医院处理。

（9）实验结束后，须整理实验使用的设备和导线，将实验台和实验室打扫干净，经过指导教师检查后方可离开。

1.2　实训的安全操作规程

实验时使用 220 V 电源和焊接等实验内容，均属于易触电操作。为了保证按时完成实验，同时确保实验时人身安全和设备安全，应严格遵守实验室的安全操作规程，如下。

（1）上课时不得赤脚或者穿拖鞋，最好穿胶底鞋。

（2）接线之前，要确保所有开关都处于关闭状态。

（3）严禁人体接触带电电路，遵守先接线后上电的原则和先断电再拆线的操作程序。

（4）严禁带电操作，在改接线路时应特别注意，以免发生触电事故。必须带电检查时，要用万用表，手持万用表表笔绝缘棒进行检查，同时必须有人在一旁看护，一旦发生意外，立即切断电源。

（5）由于电路板上有裸露的带电端子，所以通电后不要直接接触金属部分，尤其注意不要甩头，以免因头发接触到带电部分而导致触电。

（6）实验接线前，要先搞清楚实验原理，看懂电路，按照连接线路原则，选择合理的接线步骤，一般是"先串后并""先主后辅"，按照实验指导手册规程操作。

1.3　实训的用电安全

实验室的用电安全非常重要，一旦发生触电事故，应立即组织急救。各种救护措施应因地制宜，灵活运用，动作迅速，方法正确。

1.3.1　触电急救措施

发生人身触电事故时，为了及时抢救生命，需要紧急切断所触设备电源。使触电人尽早脱离伤害。在其他条件都相同的情况下，触电者触电时间越长，造成心室颤动乃至死亡的可能性也越大。人触电后，由于痉挛或者失去知觉，会紧握带电体而不能自己摆脱电源。因此，若发现有人触电，应采取一切可行措施，迅速使其脱离电源，这是救活触电者的一个重要方法。

现场工作人员应沉着冷静迅速地做出判断，果断断开与触电处电源有联系的所有电源的断路器，使触电者触及的电气设备断电，然后做好自我保护措施，尽可能利用现场绝缘用具，如穿绝缘靴、戴绝缘手套，设法让触电者身体与导体分开，将其救至安全地点，迅速实施触电急救。

触电者被救离现场后，在场人员应立即打急救电话向医疗机构求助，必要时用心肺复苏法坚持不停地抢救，方法力求正确、有效，待触电者呼吸恢复，抢救告一段落，立即向上级汇报。

1.　触电人迅速脱离电源的方法

使触电者脱离电源的方法一般有两种：一是立即断开触电者所触及的导体或者设备的电源；二是设法使触电者脱离带电部分。这里以低压触电时如何脱离电源为例进行说明。

如果电源开关在触电点附近，则应立即断开开关或者拔出插头。但应注意，单极开关和手动开关只能控制一根导线，有时可能切断零线而没有真正断开电源。

如果触电点远离电源开关，则可以使用有绝缘柄的电工钳或有干燥木柄的斧子等工具切断电源。

如果导线搭落在触电人身上或者触电人身体压住导线，则可用干燥的衣服、手套、绳索、木板等绝缘物作工具，拉开触电者或移开导线。

如果触电者衣服是干燥的，又没有紧缠在身上，则可拉着触电者的衣服后襟将其拖离带电位置，此时救护人员不得用衣服蒙住触电者，不得直接拉触电者的脚和躯体及周围金属物品。

如果救护人员手戴绝缘良好的手套，则可拉着触电者的双脚将其拖离带电部分。

如果触电者躺在地上，则可用木板等绝缘物插入触电者身下，以切断电流。

2.　救护触电者脱离电源时应注意的事项

（1）救护人员不得直接用手、金属物品或者其他潮湿物品作为救护工具，而必须使用适当的绝缘工具。为了使自己与地绝缘，在现场条件允许时，救护人员可穿上绝缘靴或者站在干燥的木板上或不带电的台垫上。

（2）在实施救护时，救护人员最好一只手施救，以防自己触电。

（3）如果触电发生在夜间，应迅速解决临时照明问题，以便于抢救，并避免事故扩大。

1.3.2　触电急救方法

触电后的急救方法，应随触电者所处的状态而定。通常，在所有触电情况下无论触电者状况如何，都必须立即请医务人员前来救治。在医务人员到来之前，应迅速实施以下相应的急救措施。

（1）如果触电者尚有知觉，但在此以前处于昏迷状态或者长时间触电，则应该使其舒适地躺在木板上，并盖好衣服，在医务人员来到之前，应保持安静，不断地观察其呼吸状况并测试其脉搏。

（2）如果触电者已失去知觉，但仍有平稳的呼吸和脉搏，也应使其舒适地躺在木板上，解开其腰带和衣服，保持空气流通和安静，有必要时要让其闻氨水并向其脸上洒些水。

（3）如果触电者呼吸困难，则应进行人工呼吸和心脏按压。

（4）如果触电者已无生命体征（呼吸和心跳均停止，没有脉搏），也不得认为其已死亡，因为触电者往往有假死现象。在这种情况下应立即进行人工呼吸和心脏按压。

急救一般应在现场就地进行。只有当现场继续危及触电者，或者在现场施救存在很大困难时，才考虑把触电者抬到其他安全地点。

1.4　实验室医疗救护常识

实验中常会遇到高温加热的情况，容易造成烫伤或烧伤，所以师生不仅应该按要求规范实验操作和佩戴防护用品，还要掌握一般的应急救护方法。

（1）创伤。伤口不能用手抚摸，也不能用水冲洗。若伤口里有玻璃碎片，应先用消过毒的镊子取出来，在伤口上擦碘伏，消毒后用止血粉外敷，再用纱布包扎。伤口较大、流血较多时，可用纱布压住伤口止血，并立即送医务室或者医院治疗。

（2）烫伤或灼伤。烫伤后切勿用水冲洗，一般可在伤口处抹烫伤药膏，并及时就医避免感染。

（3）吸入毒气。中毒很轻时，通常只要把中毒者移到空气新鲜的地方，解松衣服，使其安静休息，必要时给中毒者吸入氧气，但切勿随便使用人工呼吸。

（4）遇到突发安全事故时，不要惊慌失措，马上拨打120急救电话求助。

第2章
实验软硬件开发环境

02

本章内容概述

本章内容主要介绍实验环境的安装配置和使用方法，分为两部分：Keil C51 软件的安装、工程建立、编译、调试和程序下载；树莓派系统环境的操作系统烧录和环境搭建。通过本章的学习，学生可以掌握 Keil C51 软件基本环境的配置，为后续课程的学习奠定基础。

本章知识点

- Keil C51 软件开发相关环境的安装
- Keil 工程建立、编译和下载
- 树莓派系统环境搭建

2.1 Keil C51 软件开发环境

51 系列单片机的开发使用，一是需要硬件上的支持，二是需要软件上的支持。C52 系列是 C51 系列的增强版，内部 ROM 和 RAM 都是 C51 系列的 2 倍，还多了一个定时计数器，硬件实验板采用的是 C52 系列单片机，两者在内核结构和编程方面几乎没有区别，因此本节将以 Keil C51 编译软件为例进行介绍。Keil C51 是 Keil Software 公司出品的 51 系列兼容单片机 C 语言软件开发系统，是众多 51 系列单片机开发软件中应用最广泛的软件之一，它集编辑、编译、仿真于一体，支持汇编语言、C 语言的程序设计。可以把用 C 或者汇编编写的源程序转化为机器码供 CPU 执行，界面直观，易学易懂。下面具体介绍 Keil C51 软件的安装、界面操作、工程文件建立和应用、程序后期编译及调试等知识。

2.1.1 Keil μVision5 C51 软件的安装

下载完成后，在压缩文件上右键选择"解压到当前文件夹"或选择"解压到 Keil μVision5 C51\(E)"，建议选择后者。注意：解压文件时关闭杀毒软件，以免误杀破解文件！

解压后打开文件夹，找到"Keil μVision5 C51.exe"，右键选择"以管理员身份运行"，如图 2-1 所示。然后点击【Next】，如图 2-2 所示。

图 2-1 软件打开界面

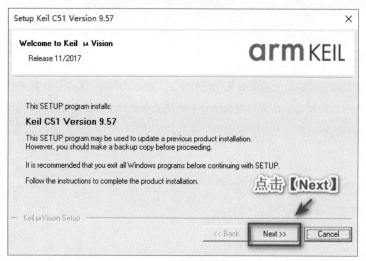

图 2-2 安装界面 1

下一步勾选"I agree to all the terms of the preceding License Agreement",然后点击【Next】,选择安装路径,如图 2-3 和图 2-4 所示。

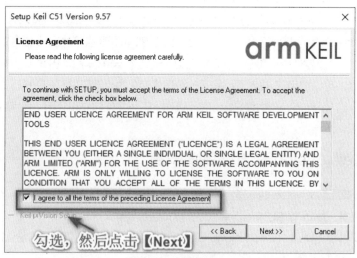

图 2-3 安装界面 2

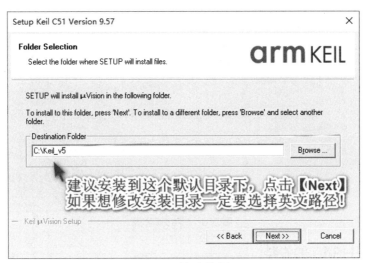

图 2-4 选择安装路径

填写 Frist Name、Last Name、Company Name 与 E-mail，如图 2-5 所示，然后点击【Next】，开始安装。

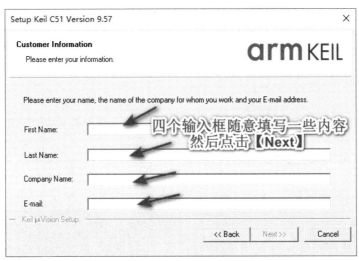

图 2-5 输入相关信息

图 2-6 所示两个选项的意思分别是"显示版本说明"与"将示例项目添加到最近使用的项目列表中"，都去掉勾选，点击【Finish】。至此 keil μVision5 C51 安装完成。

注意：此时软件还不能正常使用，根据文件夹中的"Keil5 安装破解说明"进行软件破解后才能正常使用。这里不再详细说明。

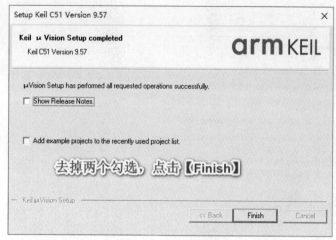

图 2-6　软件安装界面

2.1.2　CH340 的安装

打开单片机工具包，找到 USB 下载口驱动程序 CH340.exe 文件，双击此文件打开，弹出图 2-7 所示对话框，点击【安装】按钮开始软件安装。安装成功后，如图 2-8 所示，提示驱动预安装成功，点击【确定】，完成安装过程。

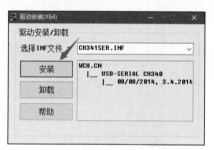

图 2-7　驱动安装过程

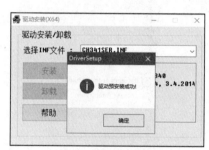

图 2-8　驱动安装成功

2.1.3　Keil 工程建立

安装完成后，启动 Keil 软件，会弹出图 2-9 所示界面，然后弹出 Keil 工作界面，如图 2-10 所示。

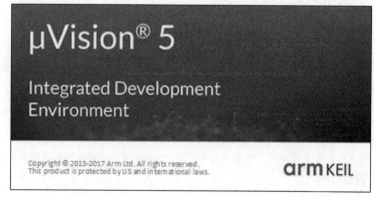

图 2-9　启动 Keil 界面

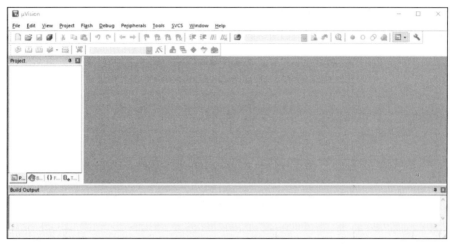

图 2-10　Keil 工作界面

该界面里常用的部分菜单命令及其功能描述见表 2-1。

表 2-1　菜单命令及其功能描述

菜单命令	菜单名称	功能描述
File（文件）	New	创建一个新的源文件或者文本文件
	Open	打开已有文件
	Close	关闭当前文件
	Save	保存当前文件
	Save as	保存并重命名当前文件
	Save all	保存所有打开的文件
Edit（编辑）	Undo	撤销上一次操作
	Redo	重做
	Cut	剪切
	Copy	复制
	Paste	粘贴
	Find	查找
	Replace	替换
Project（工程）	New Vision Project	创建新的工程文件
	New Multi- Project Workspace	创建工程工作空间
	Open Project	打开已有的工程文件
	Close Project	关闭工程文件
Debug（调试）	Start/Stop Debug Session	启动/停止调试模式
	Run	运行直到下一个有效的断点
	Stop	停止当前程序运行
	Step Over	单步运行程序
	Run to Cursor Line	运行到光标处
	Show Next Statement	显示下一条执行的语句/指令

下面介绍 Keil 工程的建立、编译和调试。

（1）新建一个工程。选择【Project】菜单中的【New μVision Project】选项，如图 2-11 所示。

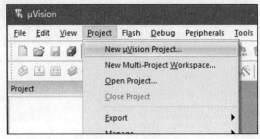

图 2-11　新建工程

（2）选择工程要保存的路径，输入工程文件名。Keil 的一个工程里面通常包含很多小文件，为了方便管理，我们将一个工程放到一个独立文件夹中，比如保存到 Example 文件夹，可在电脑桌面或者其他路径中建立 Example 文件夹。图 2-12 中工程文件名可填 Example2_1，要注意保存路径，找到刚才建立的 Example 文件夹，然后单击【保存】按钮。

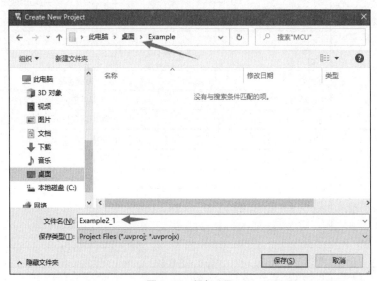

图 2-12　保存工程

（3）这时会弹出一个对话框，要求用户选择单片机的型号，可以根据所使用的单片机型号来选择。Keil C51 几乎支持所有的 51 内核的单片机，实验板上用的是 STC89C52，我们在对话框中找不到这个型号的单片机。因为 51 内核单片机具有通用性，所以我们在这里可以任选一款 89C52 型号，在搜索框中输入"89C52"这样的关键词就能快速搜索到所需型号。在这里选择 AT89C52 来说明，如图 2-13 所示。选中 AT89C52 之后，右边"Description"栏中是对该型号单片机的基本说明，我们可以单击其他型号单片机浏览一下其功能特点，然后单击【OK】按钮。

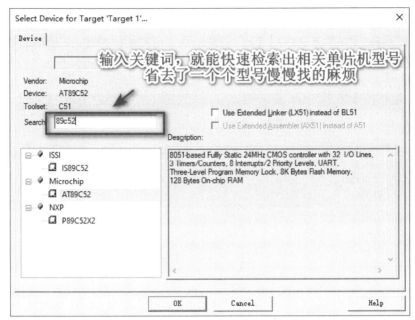

图 2-13　选择单片机型号

（4）选择完单片机型号后，会弹出是否添加启动文件的窗口，如图 2-14 所示界面，选择【否】；若选择【是】则会在工程中添加一个【STARTUP】的启动文件，不影响后续操作。

图 2-14　选择是否添加启动文件

此时，一个新的项目文件创建完成。接下来我们添加文件和代码。

（5）选择【File】菜单中的【New】菜单项。新建文件后弹出窗口界面为空白文本框，可以在 text1 中编写 C 语言程序，例如编写点亮第一个发光二极管程序，程序如代码清单 2-1 所示。

代码清单 2-1　点亮第一个发光二极管程序

```
#include<reg52.h>      //52 系列单片机头文件
sbit led1=P1^0;        //声明单片机 P1 口的第一位
void main()            //主函数
{
    led1=0;            /*点亮第一个发光二极管*/
}
```

添加完程序后，Keil C51 会自动识别关键字，并以不同的颜色提示用户注意，减少用户编写程序出现的错误，从而提高编程效率。

（6）此时这个新建文件与我们刚刚建立的工程还没有直接的联系，单击图标![save]，或选择【File】→

【Save】命令，弹出窗口界面如图 2-15 所示，在"文件名（N）"栏中，输入要保存的文件名，同时必须输入正确的扩展名，然后单击【保存】按钮。注意：用 C 语言编写的程序，扩展名必须为.c；用汇编语言编写的程序，扩展名必须为.asm。这里的文件名不一定要和工程名相同。

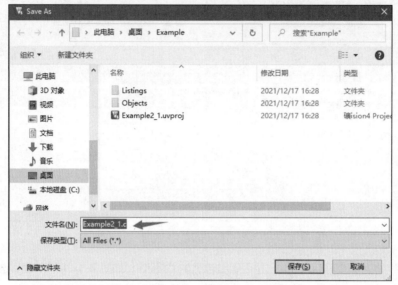

图 2-15　保存文件

（7）回到编辑界面，单击 Target 1 前面的"+"号，然后右键单击【Source Group 1】，会出现图 2-16 所示界面，选择【Add Existing Files to Group 'Source Group 1'】。

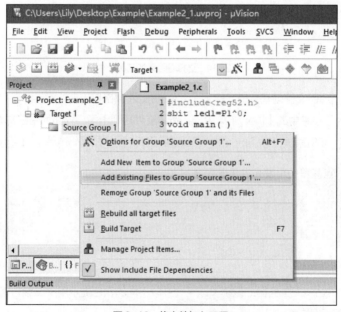

图 2-16　将文件加入工程

在弹出的对话框选中 Example2_1.c，单击【Add】按钮，文件类型是.c，再单击【Close】按钮，如图 2-17 所示。再单击左侧 Source Group 1 前面的"+"号，显示窗口如图 2-18 所示。这时可以看到【Source Group 1】文件夹中多了一个子项 Example2_1，当一个工程中有多个代码文件时，都要加在这个文件夹下，这时源代码文件就与工程关联起来了。

图 2-17　选中文件

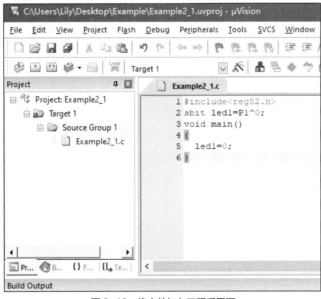

图 2-18　将文件加入工程后界面

（8）接下来我们编译此工程，来检验编写的程序是否有错误。先保存文件再单击"全部编译"的快捷图标，或者单击【Project】→【Built Target】。建议每次编译前都先保存一下文件，避免编译导致电脑死机重启，程序消失。若编译的结果没有错误，则会出现图 2-19 所示的界面；若编译有错误，会出现图 2-20 所示的界面；若编译的结果没有错误，但是有警告，说明程序执行是没有错误的，但是有些程序没有用上或者有其他原因。

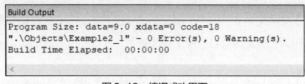

图2-19 编译成功界面

```
Build Output
Example2_1.c(5): error C202: 'led1': undefined identifier
Target not created.
Build Time Elapsed:   00:00:00
```

图2-20 编译错误界面

接下来介绍程序出现错误时如何查找错误。这里我们把代码清单2-1中第5行的分号去掉，再单击全部编译快捷键，可以看出编译过程出现了一处错误；有时会显示几条错误，其实这些并非真正的错误，而是当编译器发现有一个错误时，编译器自身无法完整编译完后续的代码而引发出更多的错误。解决方法为：将错误信息窗口右侧的滚动条拖到最上面，双击第一条错误信息，可以看到 Keil 软件自动将错误定位，并且在代码行前面出现一个蓝色的箭头。需要说明的是，有些错误连 Keil 软件自身也不能准确显示错误信息，更不能准确定位错误位置，我们只能根据这个大概的位置和错误信息提示自己查找和修改错误。双击错误信息后，显示界面如图 2-21 所示。

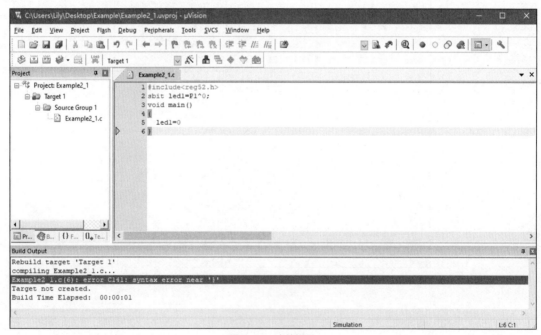

图2-21 定位错误

（9）以上完成了工程建立、源代码编写以及编译和调试，最后需要将调试好的程序下载到芯片中，通过软件驱动单片机硬件工作。首先生成 HEX 文件。

回到 Keil 编辑界面，单击【Project】菜单，然后从下拉菜单中单击【Options for Target 'Target 1'】项，或直接单击界面上的工程设置选项快捷图标 ，弹出图 2-22 所示对话框，单击【Output】，然后勾选 "Create HEX File" 项，再单击【OK】，使程序编译后产生 HEX 代码，供下载器软件下载到单片机中。注意：单片机只能下载 HEX 或 BIN 文件。

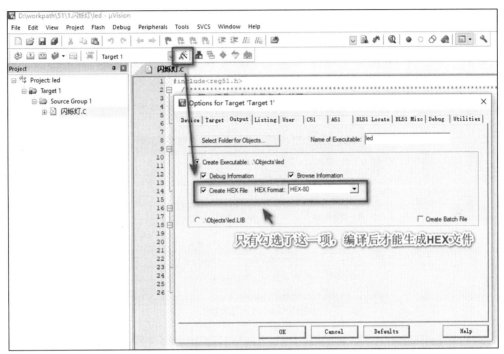

图 2-22　选择生成 HEX 文件

这时再点击全部编译快捷键 ，观察信息输出窗口多了一行 "Creating HEX File from 'Example2-_1'"。注意：当创建一个工程并编译这个工程时，生成的 HEX 文件名与工程文件名是相同的，添加的源代码名可以有很多，但是 HEX 文件名只跟随工程文件名。下一步就可以将程序下载到芯片中了。

2.1.4　程序下载

STC-ISP 软件可以把项目的 HEX 文件下载到实验板单片机中。下载程序前要安装好开发平台的驱动程序（见 2.1.2 CH340 的安装）。最新版本的 STC-ISP 软件可以从 STC 官方网站免费下载。下载解压后无须安装，可以直接使用。

（1）双击打开 STC-ISP 软件。

（2）通过 USB 把单片机与计算机连接，首先查看计算机设备管理器中 USB 连接的串口号。右键单击"我的电脑"选择"管理"，展开设备管理器—端口，如图 2-23 所示。

（3）在 STC-ISP 烧写软件界面左上角，首先完成单片机型号选择，查看实验板上芯片的型号，这里要与实验板上的型号一致，串口选择与图 2-23 所示一致，选好后如图 2-24 所示。

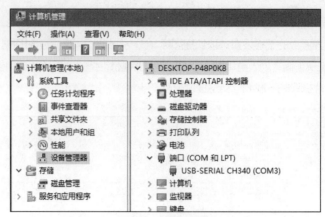

图 2-23　查看串口号

图 2-24　选择芯片型号

（4）单击【打开程序文件】，则会弹出图 2-25 所示的窗口，选择前面建立的路径文件中的.hex 文件并打开。

图 2-25　选择.hex 文件

（5）单击【下载/编程】，会出现如图 2-26 所示的提示。这时再打开实验板的电源，图 2-26 所示界面右下角窗口会显示操作成功的提示，说明程序下载成功！这时你会看到第一个发光二极管被点亮了。

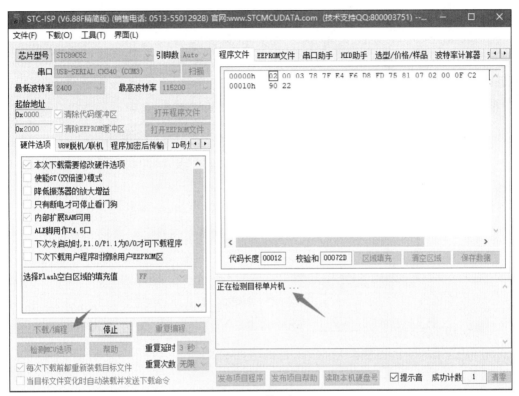

图 2-26　下载程序界面

（6）总结下载过程为：通过 USB 把单片机与计算机连接→选择单片机型号→选择串口→打开程序文件（前面建立的.hex 文件）→单击【下载/编程】键→打开单片机实验板电源→下载完成。

2.2　树莓派系统环境搭建

本节主要介绍树莓派系统环境搭建，包括树莓派操作系统介绍、烧录系统、树莓派软硬件环境搭建、软件安装等。

2.2.1　树莓派的操作系统

1. 树莓派操作系统介绍

树莓派的 OS（Operating System）为 Linux 操作系统。Linux 有多种版本，包括 Ubuntu、RetHat 以及 Debian 等，树莓派采用的是 Raspbian，为 Debian 的一种。本书涉及的操作系统知识可参阅 Linux 操作系统相关教材。

这里需要明确的是，树莓派本身不自带硬盘，需要插入带有系统的 SD 卡，树莓派在通电启动后将自动通过镜像启动，使 SD 卡充当树莓派的内存。一般建议 SD 卡的容量大于 8G，第 4 章基于树莓派的应用系统实践案例中所用 SD 卡容量为 16G。

2. 烧录系统

在烧录树莓派系统前，可通过其官方网站下载树莓派镜像；接着，在安装了 Windows 操作系统的电脑上下载并运行 Win32DiskImager 烧录系统程序，下载 Win32DiskImager v0.9.zip 软件；然后，用读卡器以及镜像烧写软件 Win32DiskImager 写系统到 SD 卡中，烧录界面如图 2-27 所示。这里，第 4 章基于树莓派的应用系统实践案例中所烧录的系统为 Raspbian。

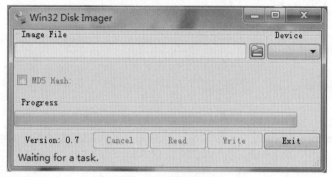

图 2-27　烧录界面

具体的烧录系统步骤为：

（1）解压下载的操作系统镜像压缩文件，得到 img 镜像文件；

（2）将内存卡放入读卡器中连接电脑；

（3）运行 Win32DiskImager，单击文件夹图标，找到存放系统镜像的位置，然后单击【Device】选择内存卡盘符，单击 Write 进行写入，等到出现对话框“Write Successful”就说明烧录系统成功了。

2.2.2　树莓派搭建

1. 硬件环境搭建

树莓派的连接方式分为有线连接方式和无线连接方式。本部分主要介绍树莓派的有线连接方式。

硬件接线。树莓派的 HDMI 接口连接 HDMI 转 VGA 线的 HDMI 转换部分，HDMI 转 VGA 线的 VGA 转换部分与 VGA 线相连；树莓派的电源口连接树莓派电源适配器配线，配线另一端连接适配器端进而连接电源孔（如插排）；VGA 线的另一端连接显示器，建议连线时关掉显示器。将烧录好的 SD 卡插入树莓派 SD 卡槽。此时，可以按下树莓派电源适配器配线上的开关给树莓派通电，树莓派的 USB 端口可连接鼠标、键盘及 U 盘等，进行后续操作。

2. 软件安装

本部分简要给出软件更新的两种方法和软件安装示例。

进行软件更新时，开启树莓派后需要点击图标![icon]，打开控制台，在控制台输入相关命令。第一种方法，输入"sudo apt-get update"Linux 命令更新软件；第二种方法，使用超级权限 sudo su，然后执行"apt-get update"。

安装软件时，以 Linux 操作系统下的办公软件 AbiWord 为例，给出 Linux 操作系统环境下的软件安装命令，即"sudo apt-get install AbiWord"。

读者还可以自行查找资料完成环境配置和软件安装，如音频播放、文档编辑等软件。

第3章
基于单片机的程序设计及焊接实践

03

本章内容概述

本章分为 5 节，前 4 节介绍单片机编程的相关知识，第 5 节介绍焊接技术及单片机系统的具体应用实例。第 1 节从单片机实验板系统的基本组成结构入手，让学生在了解其基本结构的基础上，学会查看实验板原理图，掌握各类元器件的特性，学会 LED 相关编程方法；第 2 节介绍数码管的静态和动态显示原理、中断概念和定时器中断及相关编程方法；第 3 节介绍独立按键和矩阵键盘按键的编程设计原理、蜂鸣器电路的原理图；第 4 节介绍 A/D 和 D/A 的基本原理，掌握 ADC0804 和 DAC0832 的相关编程方法；第 5 节介绍单片机系统的具体实例——爱心花灯系统，简要介绍焊接技术和爱心花灯基本原理，使学生掌握焊接技术和爱心花灯系统的编程方法。

本章知识点

- 单片机基本组成结构
- 数码管显示原理
- 中断概念和定时器中断
- 按键检测基本原理
- A/D 和 D/A 基本原理
- 焊接技术

3.1 LED 灯实验

在掌握基本的软件安装、工程建立、编程调试和程序下载等过程的基础上，学习基于 C 语言的 51 单片机编程技术，实现 LED 灯的相关功能。

3.1.1 实验目的

1. 熟练掌握 Keil 软件的工程建立、程序调试和程序编译过程；
2. 掌握 STC-ISP 软件的程序下载过程；
3. 掌握单片机实验板的基本组成结构；

4. 使用简单的 C 语言程序，点亮第一个 LED 灯。

3.1.2 实验内容与任务

认识单片机实验板的基本组成结构，熟悉环境配置和软件安装方法，学会在 Keil 文件中编辑、编译和调试简单的 C 程序。掌握 STC-ISP 软件的程序下载过程，在单片机系统上实现 LED 灯的相关功能。

3.1.3 实验原理

1. 单片机实验板的基本组成结构

本章所用实验板为 TX-1C 基础实验板，该实验板非常适合单片机初学者自学使用，配合《新概念 51 单片机 C 语言教程》可让读者在最短的时间内轻松入门单片机。实验板各功能模块、接口等非常丰富，仅一条 USB 便可实现供电、烧写、串口通信。各模块如图 3-1 所示。

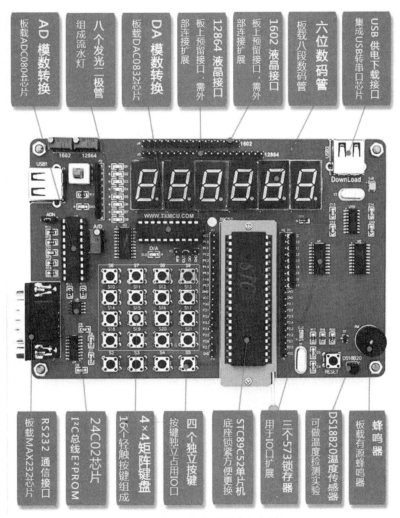

图 3-1　单片机实验板的基本组成结构

2. 实验板原理图

原理图，顾名思义就是表示电路板上各器件之间连接原理的图。对于原理图的制作，不同的技术人员有不同的方法，不同的实验板原理图不尽相同，在对应的原理图基础上才能正确地编写程序。在原理图上，除了用连线表示两个器件有连接外，更多的时候使用相同的网络标号来表示连接。图 3-2 为有线连接的原理图，图 3-3 是使用标号连接的原理图。

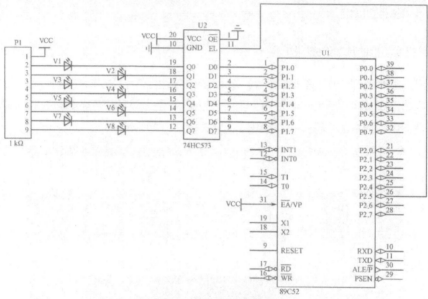

图 3-2　有线连接的原理图

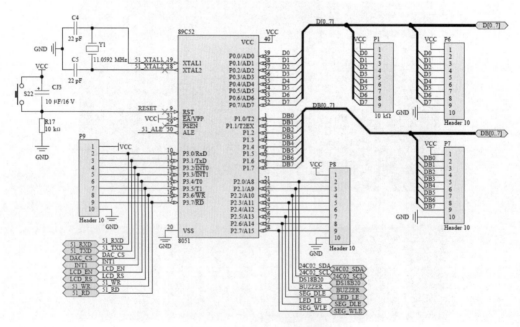

图 3-3　使用标号连接的原理图

3. LED 灯实验原理

本节所述的 LED 灯实验，其硬件电路如图 3-2 所示。电路中涉及几个关键器件：单片机 U1（89C52）、排阻（P1）、发光二极管（V1~V8）、74HC573 锁存器（U2），下面分别进行简要介绍。

（1）单片机。如图 3-3 所示，由 89C52 芯片管脚图可知，其共有 40 个引脚，分为三类：

① 电源和时钟引脚，如 VCC、GND、XTAL1、XTAL2；（掌握）

② 编程控制引脚，如 RST、$\overline{PSEN}$、ALE、$\overline{EA}$ / VPP；（了解）

③ IO 口引脚。如 P0、P1、P2、P3，4 组 8 位 IO 口引脚。（掌握）

（2）排阻。就是一排电阻，图 3-2 中每个 LED 都要串联一个电阻，电阻另一端再接电源，用来限制通过 LED 的电流不要太大，并且接法相同，因此把 8 个电阻另一端全部连接到一起，称为公共端，比如 P1 的 1 脚为公共端。

（3）发光二极管。具有单向导电性，两个管脚各为阳极和阴极，电流只能从阳极流向阴极。发光二极管通过 4 mA 左右电流就可发光，电流越大，亮度越强。一般控制电流在 3~20 mA 以免烧毁二极管。当二极管发光时，测量它两端电压为 1.7 V 左右，通过这个导通压降和限制电流可基本确定串联的限流电阻的大小。

（4）74HC573 锁存器。它是一种数字芯片，详细内容参考芯片手册。图 3-4 所示为锁存器的引脚图，其中 $\overline{OE}$ 为输出允许端，低电平有效；1D~8D 为数据输入端；1Q~8Q 为数据输出端；LE 为锁存控制端。表 3-1 为 74HC573 锁存器的真值表。真值表各字母含义为：H—高电平；L—低电平；X—任意电平；Z—高组态；Q_0—上次的电平状态。

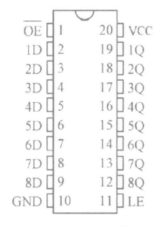

图 3-4　74HC573 引脚图

表 3-1　74HC573 真值表

INPUTS			OUTPUT
$\overline{OE}$	LE	D	Q
L	H	H	H
L	H	L	L
L	L	X	Q_0
H	X	X	Z

由真值表可以得到结论：当 $\overline{OE}$ 为 H 时，无论 LE 和 D 为何种状态，输出 Q 都为 Z，即芯片处于不可控状态，因此在电路使用时必须要将 $\overline{OE}$ 接低电平，如图 3-2 所示，在电路设计时，已经直接将 $\overline{OE}$ 接地。当 $\overline{OE}$ 为 L、LE 为 L 时，无论 D 输入什么，输出 Q 都保存 LE 变化为 L 之前 Q 端的数据状态；当 LE 为 H 时，D 输入什么 Q 就输出什么，即 $\overline{OE}$ 为 L、LE 为 H 时，输出数据状态跟随输入数据状态变化。

3.1.4　实验步骤

引导学生掌握相关软件的安装、卸载，基于 C 语言的程序编写、设计、编辑、编译及调试简单的程序示例，完成 LED 灯相关的编程练习，保存程序和运行结果截图以备书写报告使用。提出多个思考题，让学生在课下查阅资料自行完成，并在实验报告中作答。

1.　点亮第一个发光二极管（位操作法）

（1）查看 2.1.1 节和 2.1.2 节内容，掌握 Keil 和 CH340 软件的安装。

（2）查看 2.1.3 节内容，建立一个 Keil 工程，并输入代码清单 2-1 中的程序内容，完成程序的编译、运行和调试。

（3）查看 2.1.4 节内容，将编译好的程序下载到实验板中，观察实验板的实验现象。

（4）思考题：为什么 led1 为 0 时，灯会亮？

2.　点亮第一个发光二极管（总线操作法）

按照位操作法控制多个 LED 灯亮时编程比较麻烦，这里讲解总线法。不用再重新创建一个 Keil 工程，可在位操作法的工程下新建一个文件，保存，修改名称为 Example2_2.c，将此文件添加到工程中，在项目窗口中选中 Example2_1.c，按下键盘的【Del】键，删除此文件，这时工程中的文件就只有 Example2_2.c 了。注意：工程中只能有一个主函数，因此必须删除 Example2_1.c 才可正常编译新建文件。在新文件中输入代码如代码清单 3-1。

代码清单 3-1　点亮第一个发光二极管（总线操作法）程序

```
#include<reg52.h>
void main()
{
    P1=0xaa;
}
```

这里的 "P1=0xaa" 是对单片机 P1 口的 8 个 I/O 同时操作，"0x" 表示后面的数据是以十六进制形式表示的，aa 转换成二进制是 10101010，那么对应的发光二极管便是 1、3、5、7 亮，2、4、6、8 灭。

3.　使用 while 语句、带参延时函数编程

编写程序，让实验板上的第一个 LED 灯以亮 300 ms、灭 600 ms 的方式闪烁。添加到工程中，删去原来的文件，在新文件中输入代码如代码清单 3-2。

代码清单 3-2　第一个 LED 灯以亮 300 ms、灭 600 ms 的方式闪烁程序

```
#include<reg52.h >            //52 系列单片机头文件
#define uint unsigned int     //宏定义
sbit led1=P1^0;               //声明单片机 P1 口的第一位
void delayms(uint);           //声明子函数
void main()
{
    while(1)                  //大循环
    {
        led1=0;               //点亮第一个发光二极管
        delayms(300);         //延时 300 毫秒
        led1=1;               //关闭第一个发光二极管
        delayms(600);         //延时 600 毫秒
    }
}
void delayms(uint xms)
{
    uint i,j;
    for(i=xms;i>0;i--)        //i=xms 即延时约为 x 毫秒
        for(j=110;j>0;j--);
}
```

运行代码，生成.hex 文件，下载到实验板中，观察第一个 LED 灯是否闪烁。

3.1.5　实验扩展

（1）使用位操作法，编程实现同时点亮第 1、3、5、7 个 LED 灯。

（2）第一个发光二极管以间隔 200 ms 闪烁。

（3）8 个发光二极管间隔 200 ms 由上至下点亮，再由下至上点亮，此过程重复两次，然后全部熄灭 1 s；再以 300 ms 间隔全部闪烁 5 次。重复上述全部过程。

（4）8 个发光二极管，间隔 300 ms 先奇数点亮再偶数点亮，循环三次；两个发光二极管分别从两边往中间流动三次；再从中间往两边流动三次；8 个全部闪烁 3 次；关闭发光管，程序停止。

3.2　数码管显示及应用

本节介绍数码管的显示原理、静态显示编程、动态显示编程、定时器中断等内容，让学生在理解原理的基础上，学会这些功能的程序设计。

3.2.1　实验目的

1. 掌握数码管的显示原理；

2. 掌握数码管静态显示的编程设计；

3. 掌握数码管动态显示的编程设计；

4. 理解中断概念；

5. 掌握定时器中断在程序设计中的应用。

3.2.2 实验内容与任务

理解共阳极和共阴极数码管内部原理，掌握数码管静态显示、动态显示、中断函数、定时器中断等原理，根据实验板的原理图，掌握数码管与单片机的连接情况，完成以下编程内容：

（1）实现数码管的静态显示；

（2）实现数码管的动态显示；

（3）利用定时器中断编程。

3.2.3 实验原理

1. 数码管

数码管包括一位数码管、双位数码管和多位数码管，图3-5所示为一位数码管内部原理图。

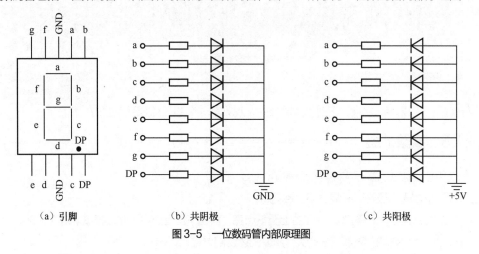

（a）引脚 　　　　　（b）共阴极 　　　　　（c）共阳极

图3-5 一位数码管内部原理图

不管几位数码管连在一起，显示原理都是一样的，都是靠点亮内部的发光二极管来显示。如图 3-5 所示，根据接到二极管不同方向的公共端，数码管可分为共阴极数码管和共阳极数码管。以共阴极数码管为例来说明，如果想让数码管显示数字，必须点亮发光二极管，这时就需要将公共端接地，然后将另一端加高电平，这时对应的二极管就点亮了。

2. 数码管静态显示

实验板上的数码管为六位数码管，原理图如图 3-6 所示。多位一体时，它们每个数码管的公共端是独立的，即位选是可单独控制的，负责显示什么数字的段线是分别连接在一起的，即 6 个 a 端都是连在一起的，6 个 b 端都是连在一起的，以此类推。独立的公共端可以控制让哪位数码管亮，而连接在一起的段线能控制数码管显示什么数字。把这里的公共端叫做"位选线"，连接在一起的段线叫做"段选线"，编程控制这两个线就可实现让哪个数码管显示什么数字。

所谓数码管的静态显示，就是几个数码管的段选是连接在一起的，位选选通的数码管显示的数字必定是一样的，这种显示方法叫做静态显示。实验板上使用的六位数码管为共阴极，从图 3-6 可以看出，六位数码管的阳极 a、b、c、d、e、f、g、h 分别连接在一起，都连到了 U1 的数据输出端，数码管的

WE1、WE2、WE3、WE4、WE5、WE6 为位选端，分别接到了 U2 的数据输出端的低六位。两个锁存器 U1 和 U2 的锁存端分别接单片机的 P2.6 和 P2.7。

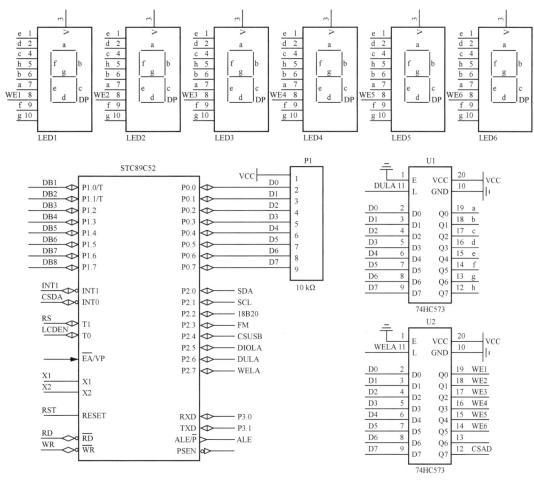

图 3-6　数码管原理图

3. 数码管的动态显示

为了让各位数码管显示出不尽相同的数字，数码管显示模式即为动态。明明段选是连在一起的，为什么还能显示出不同的数字呢？这是因为我们利用数码管的余晖效应以及人眼视觉暂留现象，使人们感觉各位数码管同时显示不同数字。实际上，我们每次单独对一位数码管进行操作，再给出段选，本质上是一位一位轮流显示的，只是速度十分快，人眼分辨不出而已。当然，假如时不时控制段和位选，就会造成不清晰的现象——这就是所谓的"鬼影"。因此我们在使用数码管时，要进行"消影"，即每次操作完一个数码管的位选和整个数码管的段选后，要操作所有的数码管进行短暂的"熄灭"。

4. 中断概念

单片机正在执行指令运行，一旦检测到中断发生，则停止执行当前指令，转去执行中断子程序；一旦中断子程序完成，重新回到之前中断的地方继续执行之前的指令运行。

52 单片机共有 6 个中断源，它们的中断级别如表 3-2 所示。

表 3-2　52 单片机中断级别

中断源	默认中断级别	序号（C 语言用）
INT0：外部中断 0	最高	0
T0：定时器/计数器 0 中断	第二	1
INT1：外部中断 1	第三	2
T1：定时器/计数器 1 中断	第四	3
T1/R1：串行口中断	第五	4
T2：定时器/计数器 2 中断	最低	5

这里需要明确的是，单片机在使用中断功能时，通常需要设置两个与中断有关的寄存器：中断允许寄存器 IE 和中断优先级寄存器 IP。中断允许寄存器用来设定各个中断源的打开和关闭，各位为 1 时为打开，为 0 时为关闭。其中，中断允许寄存器 IE 如表 3-3 所示。

表 3-3　中断允许寄存器 IE

位序号	D7	D6	D5	D4	D3	D2	D1	D0
位符号	EA	—	ET2	ES	ET1	EX1	ET0	EX0

5. 定时器中断

51 单片机内部共有两个 16 位的可编程的定时器/计数器，一旦 CPU 开启定时功能，定时器便在晶振作用下自动开始计时，当定时器的计数满后，会产生中断，即通知 CPU 进行处理。定时器/计数器的实质是加 1 计数器（16 位），由高 8 位和低 8 位两个寄存器组成。TMOD 是工作方式寄存器，确定工作方式和功能；TCON 是控制寄存器，控制 T0、T1 的启动和停止及设置溢出标志。单片机在使用定时器功能时，需要设置这两个寄存器，其中工作方式寄存器 TMOD 如表 3-4 所示。

表 3-4　工作方式寄存器 TMOD

位序号	D7	D6	D5	D4	D3	D2	D1	D0
位符号	GATE	C/$\overline{\text{T}}$	M1	M0	GATE	C/$\overline{\text{T}}$	M1	M0
	定时器 1				定时器 0			

每个定时器都有 4 种工作方式，可通过设置 TMOD 寄存器中的 M1、M0 位来进行工作方式选择。低四位用于 T0，高四位用于 T1。对应关系如表 3-5 所示。

表 3-5　定时器/计数器的 4 种工作方式

M1	M0	工作方式
0	0	方式 0，为 13 位定时器/计数器
0	1	方式 1，为 16 位定时器/计数器
1	0	方式 2，为 8 位自动重装初值的定时器/计数器
1	1	方式 3，仅适用于 T0，分成两个 8 位计数器，T1 停止计数

3.2.4 实验步骤

1. 编写 C 语言程序，让第一个数码管显示一个数字 8。

分析：要求只让第一个数码管显示，因此要关闭其他 5 个数码管，只打开第一个数码管的位选，由于数码管为共阴极，因此位选选通时为低电平，关闭时为高电平，即只有 WE1 为 0，其他位都为 1，因此要 P0 口给 U2 输出的数据为 0xfe（1111 1110），而要显示数字 8，需要控制段选，让 h 为 0，其他都为 1，P0 口给 U1 输出的数据为 0x7f（0111 1111）。控制 P0 口给 U1 还是 U2 输出数据，通过控制锁存器的锁存端实现。新建 Keil 工程，实现代码如代码清单 3-3。

代码清单 3-3　让第一个数码管显示一个数字 8

```
#include <reg52.h>
sbit dula=P2^6;            //声明 U1 锁存器的锁存端
sbit wela=P2^7;            //声明 U2 锁存器的锁存端
void main()
{
    wela=1;                //打开 U2 的锁存端
    P0=0xfe;               //送入位选信号
    wela=0;                //关闭 U2 的锁存端

    dula=1;                //打开 U1 的锁存端
    P0=0x7f;               //送入段选信号
    dula=0;                //关闭 U1 的锁存端
    while(1);
}
```

2. 编写程序如代码清单 3-4，实现数码管的动态显示。让第一个数码管显示 1，时间间隔 0.5 s，关闭它，立即让第二个数码管显示 2，时间间隔 0.5 s，关闭它；再回来显示第一个数码管，一直循环下去。

代码清单 3-4　数码管动态显示程序

```
#include <reg52.h>
#define uchar unsigned char
#define uint unsigned int
sbit dula=P2^6;            //声明 U1 锁存器的锁存端
sbit wela=P2^7;            //声明 U2 锁存器的锁存端
uchar code table[ ]={
0x3f,0x06,0x5b,0x4f,
0x66,0x6d,0x7d,0x07,
0x7f,0x6f,0x77,0x7c,
0x39,0x5e,0x79,0x71};
void delayms(uint);
void main()
{
    while(1)
    {
        dula=1;
        P0=table[1];       //送段选数据
```

```
        dula=0;
        P0=0xff;  //送位选数据前关闭所有显示，防止打开位选锁存器时原来段选数据通过位选锁存器造成混乱
        wela=1;
        P0=0xfe;                //送位选数据
        wela=0;
        delayms(500);           //延时

        dula=1;
            P0=table[2];        //送段选数据
            dula=0;
            P0=0xff;
            wela=1;
            P0=0xfd;
            wela=0;
            delayms(500);
        }
}
void delayms(uint xms)
{
    uint i,j;
    for(i=xms;i>0;i--)              //i=xms 即延时约为 x毫秒
        for(j=110;j>0;j--);
}
```

3. 设定定时器 0 为工作方式 1，在实验板上实现第一个发光二极管以 1 s 亮灭闪烁，如代码清单 3-5。

代码清单 3-5　定时器实现第一个发光二极管以 1 s 亮灭闪烁

```
#include <reg52.h>
#define uchar unsigned char
#define uint unsigned int
sbit led=P1^0;
uchar num;
void main()
{
    TMOD=0x01;                  //设置定时器 0 为工作方式 1（M1M0 为 01）
    TH0=(65536-45872)/256;      //装初值 11.0592 M 晶振定时 50 ms 数为 45872
    TL0=(65536-45872)%256;
    EA=1;                       //开总中断
    ET0=1;                      //开定时器 0 中断
    TR0=1;                      //启动定时器 0
    while(1);                   //程序停止在这里等待中断发生
}

void T0_time() interrupt 1
{
    TH0=(65536-45872)/256;      //重装初值
    TL0=(65536-45872)%256;
    num++;                      //num 每加 1 次判断是否到 20 次
    if(num==20)                 //如果计数到了 20 次，说明 1 秒时间到
    {
        num=0;                  //然后把 num 清 0 重新再计 20 次
```

```
        led=~led;        //让发光二极管状态取反
    }
}
```

3.2.5　实验扩展

（1）利用延时函数和数码管的编码，编程实现：实验板上 6 个数码管同时点亮，依次显示十六进制的从 0 到 F，时间间隔 0.5 s，循环下去。

（2）编写程序，实现数码管的动态显示。让第一个数码管显示 1，时间 0.5 s，关闭它，立即让第二个数码管显示 2，时间 0.5 s，再关闭它……一直到最后一个数码管显示 6，时间 0.5 s，关闭它；再回来让第一个数码管显示 1，一直循环下去。

（3）用定时器 0 的工作方式 1 实现第一个发光二极管以 200 ms 间隔闪烁，用定时器 1 的工作方式 1 实现数码管前两位 59 s 循环计时。

（4）用定时器以间隔 500 ms 在 6 位数码管上依次显示 0，1，2，3，…，C，D，E，F，重复从 0 到 F。

（5）利用动态扫描方法在六位数码管上显示出稳定的 654321。

3.3　单片机按键检测及蜂鸣器应用

本节主要学习按键的相关知识，按键主要有两种，即独立按键和矩阵按键。应掌握两种按键的实现原理和编程方法及蜂鸣器的原理和编程技术。

3.3.1　实验目的

1. 掌握独立按键的检测原理和编程方法；
2. 掌握矩阵按键的检测原理和编程方法；

3.3.2　实验内容与任务

学习独立按键和矩阵按键的检测原理，学会使用 switch-case 语句，在此基础上，完成独立按键和矩阵按键的编程应用。掌握蜂鸣器的编程应用。

3.3.3　实验原理

1. 独立按键检测

单片机检测按键原理：单片机的 I/O 口既可作为输出也可以作为输入使用，当检测按键时用它的输入功能，按键的连接是一端接地，另一端与单片机的某个 I/O 口相连。开始时先给该 I/O 口赋一高电平，让单片机不断地检测该 I/O 是否变为低电平，当按键闭合时，即相当于该 I/O 口通过按键与地相连，变成低电平，因此程序一旦检测到 I/O 口变为低电平，则说明按键被按下，然后执行相应的命令。按键的电路连接及按键被按下时触点的电压波形变化过程如图 3-7 所示。

根据图 3-7 所示触点电压波形变化情况可以看出，对于实际的波形，存在着按下抖动和释放抖动，这些都会导致电压的不定向，所以不能完全只通过检测 I/O 口判断按键按下与否。对于按下抖动，我们用延时即可去抖，而对于释放抖动，我们可以用 while 语句来检测按键是否松开，也就是 I/O 口是否恢复为高电平。

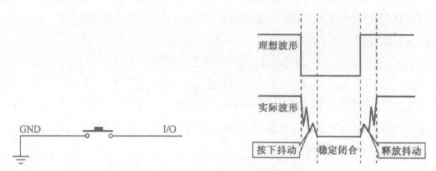

图 3-7　按键电路及触点电压波形变化

2. 矩阵按键检测原理

实验板上的矩阵按键是 4×4 键盘，检测原理与独立按键一样，这里为了节省单片机的 I/O 口，我们分 4 行 4 列，第一行将 4 个按键的一端连接在一起构成行线，第一列将 4 个按键的另一端连接在一起构成列线，这样共有 4 行 4 列 8 根线连到单片机的 I/O 口，通过检测 4 行 4 列确定哪个按键被按下。

检测过程：由于矩阵键盘的按键两端都与单片机的 I/O 口相连，因此检测时需要通过单片机的 I/O 口送出低电平。先送一列为低电平，其余三列为高电平，然后轮流检测一次各行是否有低电平，若检测到某行有低电平，则我们就可确定当前被按下的按键是哪行哪列了。用同样的方法轮流送各列一次低电平，再轮流检测一次各行是否有低电平，这样就完成了所有的按键检测。当然也可以先送一行为低电平，再轮流检测各列。矩阵按键连接图如图 3-8 所示。

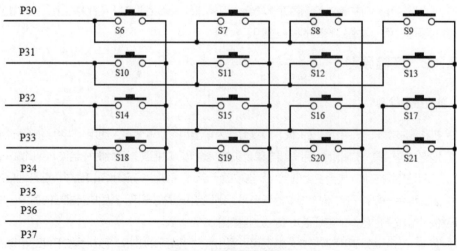

图 3-8　矩阵按键连接图

3. 蜂鸣器原理

蜂鸣器的连接原理图如图 3-9 所示，再结合图 3-3 可以看出，BUZZER 端接在了图 3-3 的 P2.3 引脚。

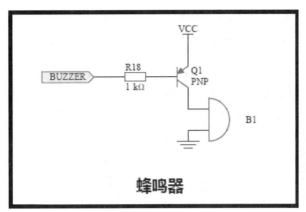

图 3-9　蜂鸣器连接原理图

3.3.4　实验步骤

1. 完成独立按键检测的练习

用数码管的第一位显示一个数字，变化范围为 0~9，开始时显示 0，每按下 S2 键一次，数值加 1。增加到 9 后重新从 0 开始。按代码清单 3-6 进行独立按键检测的练习。

代码清单 3-6　独立按键检测的练习

```
#include <reg52.h>
#define uchar unsigned char
#define uint unsigned int
sbit key1=P3^4;
sbit dula=P2^6;                    //声明 U1 锁存器的锁存端
sbit wela=P2^7;                    //声明 U2 锁存器的锁存端
uchar code table[]={
0x3f,0x06,0x5b,0x4f,
0x66,0x6d,0x7d,0x07,
0x7f,0x6f,0x77,0x7c,
0x39,0x5e,0x79,0x71};
void delayms(uint);
uchar numt0,num;
void display(uchar numdis)         //显示子函数
{
    uchar i=numdis;
    dula=1;
    P0=table[i];
    dula=0;
    P0=0xff;
    wela=1;
```

```
        P0=0xfe;
        wela=0;
        delyams(5);
}
void delayms(uint xms)
{
        uint i,j;
        for(i=xms;i>0;i--)          //i=xms 即延时约为 x毫秒
            for(j=110;j>0;j--);
}
void keyscan()
{
        if(key1==0)
        {
            delayms(10);
            if(key1==0)
            {
                num++;
                if(num==10)         //当到 9 时重新归 0
                    num=0;
                while(!key1);       //等待按键释放
            }
        }
}

void main()
{
        while(1)
        {
            keyscan();
            display(num);
        }
}
```

2. 完成矩阵按键检测的练习

编程实现：实验板上电时，数码管不显示，顺序按下矩阵键盘的按键后，6 个数码管同时依次静态显示十六进制的 0～F。

3. 使蜂鸣器响

编写程序如代码清单 3-7，让实验板上的蜂鸣器响。

代码清单 3-7　蜂鸣器响程序

```
#include<reg52.h >               //52 系列单片机头文件
sbit beep=P2^3;
void main()
{
        while(1)                 //大循环
        {
            beep=0;              //蜂鸣器响
```

```
        }
    }
```

3.3.5　实验扩展

（1）用数码管的前两位显示一个十进制数，变化范围为 00~59，开始时显示 00，每按下 S2 键一次，数值加 1；每按下 S3 键一次，数值减 1；每按下 S4 键一次，数值归零；按下 S5 键一次，利用定时器功能使数值开始自动每秒加 1，再次按下 S5 键，数值停止自动加 1，保存显示原数。

（2）按下矩阵键盘的 16 个按键依次在数码管上显示 1~16 的平方。如按下第一个键显示 1，按下第二个键显示 4……

（3）8 个发光二极管由上至下间隔 1 s 流动点亮，其中每个管亮 500 ms、灭 500 ms，亮时蜂鸣器响，灭时关闭蜂鸣器，一直重复下去。

（4）8 个发光二极管来回流动点亮，每个二极管亮 100 ms，流动时让蜂鸣器发出"滴滴"声。

3.4　A/D 和 D/A 工作原理

通过本节，学生将学习 A/D 和 D/A 的相关知识，如模拟量与数字量的概念及抽样定理，了解模拟量到数字量的转换过程，了解量化电平的划分方法；理解 A/D 和 D/A 转换器的参数指标，掌握 ADC0804 和 DAC0832 的工作原理及编程实现。

3.4.1　实验目的

1. 学习 A/D 和 D/A 的基本原理；
2. 学习基本概念和定理，以及转换过程和量化方法；
3. 理解 A/D 和 D/A 转换器的参数指标；
4. 掌握 ADC0804 的工作原理及编程实现；
5. 掌握 DAC0832 的工作原理及编程实现。

3.4.2　实验内容与任务

学习 A/D 和 D/A 的相关知识，掌握 ADC0804 和 DAC0832 的工作原理，练习编程实现。

3.4.3　实验原理

1. 模拟量到数字量的转换

模拟量：信号的幅值随时间变化而连续变化的量。数字量：用一系列 0 和 1 组成的二进制代码表示某个信号大小的量。单片机系统内部运算时用的全部是数字量，因此必须将模拟量转换成数字量。用数字量表示同一个模拟量时，数字位数可多可少，位数越多则精度越高。一般的 A/D 转换过程分为三个步骤：采样、量化和编码。如图 3-10 所示，先对模拟信号进行采样，然后进入保持时间，这段时间内将采集的电压量转化为数字量，并按一定的变化形式给出转换结果，再开始下一次采样。

图 3-10 模拟量到数字量的转换过程

2. 采样定理

图 3-11 中 v_1 为模拟信号，v_2 为采样信号，为了能够让采样信号 v_s 准确地恢复成原模拟信号 v_1，必须满足：$f_s \geqslant 2f_{imax}$，式中，f_s 为采样频率，f_{imax} 为输入信号 v_1 的最高频率分量的频率。此式就是采样定理。不能无限制地提高采样频率，若 A/D 采样频率高了则每次进行转换的时间也相应缩短了，因此取 $= (3 \sim 5)f_{imax}$ 已经能够满足要求。

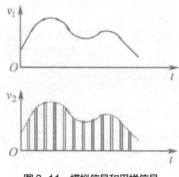

图 3-11 模拟信号和采样信号

3. 量化和编码

数字信号在时间上是离散的，在数值上也是不连续的，因此我们规定一个最小数量单位，叫做量化单位，用 Δ 表示，我们将数字量的大小用 Δ 的整数倍来表示，这个转换过程叫做量化。把量化的数值用二进制代码表示，称为编码。模拟量在转换成数字量时不一定能被 Δ 整除，这样会产生误差，我们称之为量化误差。

这里以 0~1 V 的模拟信号转换成三位二进制代码为例，有两种量化电平的划分方法，图 3-12（a）中取 $\Delta = (1/8)V$ 可以得到最大的量化误差为 Δ。而图 3-12（b）中的划分方法，同样是三位二进制，这里取 $\Delta = (2/15)V$，取每个二进制码代表的模拟电压值的中点，因此量化误差就缩小为 $\Delta/2$。

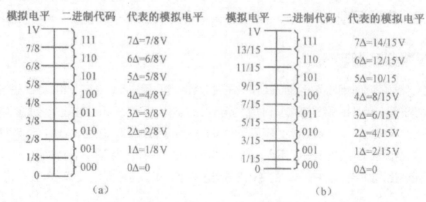

图 3-12 量化电平的两种划分方法

3.4.4 实验步骤

1. 用单片机控制 ADC0804 进行数模转换

查阅 ADC0804 的芯片手册，编程实现：当拧动实验板上 A/D 旁边的电位器 Re2 时，在数码管的前三位以十进制方式动态显示出 A/D 转换后的数字量（数值在 0~255 变化）。

2. 用单片机控制 DAC0832 芯片

编程实现：让发光二极管 V12 由灭均匀变到最亮，再由最亮均匀熄灭，在最亮和最暗时让蜂鸣器分别报警一声，完成整个周期时间控制在 5 s 左右，循环变化。

3.5 爱心灯套件的焊接及调试

本节主要锻炼学生的动手焊接能力，让学生认识单片机应用系统的各类实物元器件，在学习前面几节单片机原理的基础上完成相关编程任务。

3.5.1 实验目的

1. 认识相关元器件，并了解其特性；
2. 掌握焊接技术；
3. 对焊接完成的单片机系统进行编程实现；
4. 对单片机系统软硬件进行调试。

3.5.2 实验内容与任务

认识单片机系统相关元器件，了解元器件特性及使用方法，熟练掌握焊接技术，能够对单片机系统进行编程和调试。

3.5.3 实验原理

1. 焊接技术

（1）元器件引脚弯曲成型。为了使元器件在电路板上的装配排列整齐并便于焊接，在安装前通常采用手工或专用机械把元器件引脚弯曲成一定的形状。元器件在印制电路板（PCB）上的安装方式有三种：立式安装、卧式安装和表面安装。无论采用立式安装还是卧式安装，都应该按照元器件在印制电路板上孔位的尺寸要求，使其弯曲成型的引脚能够方便地插入孔内。立式、卧式安装的电阻和二极管元器件的引脚弯曲成型如图 3-13 所示。引脚弯曲处距离元器件实体要在 2 mm 以上，绝对不能从引脚的根部开始弯折。

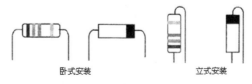

卧式安装　　　　　　　　立式安装

图 3-13　元器件引脚弯曲成型

（2）元器件的插装。元器件的插装方式有两种，一种是贴板插装，另一种是悬空插装。如图 3-14 所示。贴板插装稳定性好，插装简单，但不利于散热，且对某些安装位置不适用。悬空插装适用范围广，有利于散热，但插装比较复杂，需要控制一定高度以保持美观一致。一般来说，如果没有特殊要求，只要位置允许，采用贴板插装更为常见。

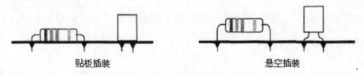

图 3-14　元器件的插装方式

（3）焊接步骤及要求。

① 预热：烙铁头与焊盘成 45 度角，顶住焊盘和元器件引脚。预先给元器件引脚和焊盘加热。烙铁头的尖部不可顶住印制电路板无铜皮位置，这样可能将板烧出一条痕迹；烙铁头最好顺着线路方向，烙铁头不可塞住过孔，预热时间为 1~2 秒。

② 上锡：将锡线从元器件引脚和烙铁接触面处引入；锡线熔化时，掌握进线速度；当锡布满整个焊盘时，拿开锡线；锡线不可直接靠在烙铁头上，以防止助焊剂烧黑；整个上锡时间为 1~2 秒。

③ 拿开锡线：拿开锡线，烙铁继续放在焊盘上，时间为 1~2 秒。

④ 拿开烙铁：当焊锡只有轻微烟雾冒出的时候，即可拿开烙铁。

⑤ 剪去多余引脚，注意不要对焊点施加剪切力以外的其他力。图 3-15 所示为典型焊点的外观。

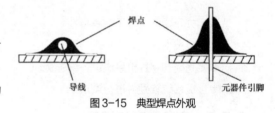

图 3-15　典型焊点外观

2. 爱心灯单片机系统原理图

爱心灯单片机系统原理图如图 3-16 所示，根据原理图上的元器件标号进行焊接和编程。

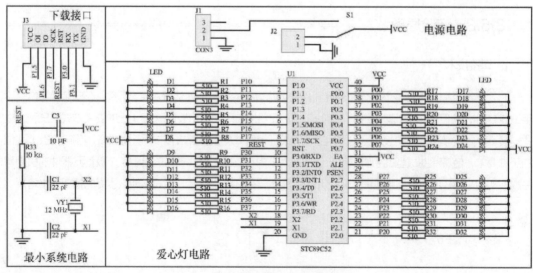

图 3-16　爱心灯单片机系统原理图

3. 元器件清单

爱心灯单片机系统所需的元器件清单如表 3-6 所示。

表 3-6　爱心灯单片机系统元器件清单

序号	名称	型号	数量
1	单片机芯片	STC89C52	1
2	单片机芯片座	DIP40	1
3	LED	七彩	32
4	电阻	0.25 W　510 Ω	32
5	电阻	10 kΩ	1
6	瓷片电容	22 pF	2
7	电解电容	10 μF	1
8	晶振	12 MHz	1
9	PCB	83 mm × 73 mm	1
10	自锁开关	8 × 8	1
11	排针	8P	1
12	插头	DC005	1
13	插头座	DC005	1
14	电池盒	AA × 3	1

3.5.4　实验步骤

1. 实验准备

检查实验台上焊接工具是否齐全，可包括：烙铁、烙铁架、焊锡、镊子、平口钳等。打开爱心灯单片机系统焊接套件包，套件包内包括的元器件如图 3-17 所示。

图 3-17　爱心灯单片机系统焊接套件包

2. 爱心灯单片机系统套件安装图解

拿出爱心灯焊接套件包内的印制电路板，如图 3-18 所示，左侧带字面为元器件安装面，右侧不带字面为焊接面，即元器件从带字面插入，从不带字面进行焊接。

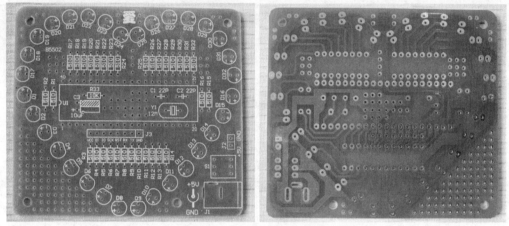

图 3-18 元器件安装面和焊接面

3. 爱心灯单片机系统套件的焊接

元器件安装摆放和焊接如图 3-19 所示，并不是摆放好全部元器件后再一起焊接，而是放置一个焊接一个。

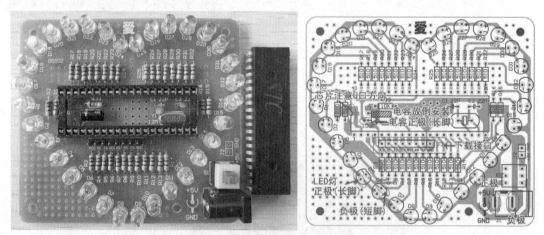

图 3-19 元器件摆放和焊接注意事项

焊接的顺序，原则是先放置低元器件后放置高元器件，建议按如下顺序：

（1）先焊接 R1~R32（510 Ω）电阻、R33（10 kΩ）电阻；

（2）再焊接 C1 和 C2（20 pF）瓷片电容、12 MHz 晶振、C3（10 μF）电解电容、40 管脚插座；

（3）然后焊接 32 个发光二极管、自锁开关、J1 插头座、排针；

（4）最后焊接插头与电池盒。

注意事项：

① 10 μF 电解电容长脚为正极，短脚为负极；

② 爱心灯上 32 颗 LED 灯长脚为正极，短脚为负极；

③ 单片机芯片及芯片座的 U 口安装方向；

④ 电源正负极不能接反；

⑤ 电源插头长端为负极，短端为正极；电池盒接线红色为正极、黑色为负极，如图 3-20 所示。

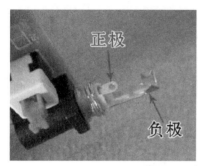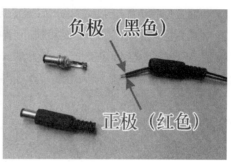

图 3-20　电源插头焊接注意事项

4. 爱心灯单片机系统的调试及编程实现

焊接完成后，装入电池，打开开关，观察各 LED，如果有 LED 不亮的情况，要反复检查焊点是否饱满，元器件位置是否放置正确，排查问题原因，待所有 LED 都没问题时，进行如下编程操作。

（1）按照 2.1.3 节内容新建 Keil 工程文件；

（2）基于 C 语言编程实现：所有 LED 闪烁 3 次。

（3）程序编译无误后，按照 2.1.4 节的步骤下载程序到爱心灯单片机系统中，下载之前先将爱心灯单片机用下载器连接到电脑，单片机和下载器的连线如表 3-7 所示。

表 3-7　单片机与下载器连接线

单片机	USB-TTL
VCC	5 V
RX	TXD
TX	RXD
GND	GND

（4）下载完成后，观察实验现象，反复进行调试。

3.5.5　实验扩展

爱心灯程序控制要求：将下面各个功能状态进行组合，循环显示（功能状态仅供参考）。

状态 1：LED 顺时针点亮一圈

状态 2：LED 逆时针点亮一圈

状态 3：4 个 LED 同时顺时针、逆时针点亮 1/4 圈

状态 4：2 个 LED 同时顺时针点亮半圈

状态 5：2 个 LED 同时逆时针点亮半圈

状态6：LED 自上而下逐渐点亮（一半点亮一半不亮）

状态7：LED 自下而上逐渐点亮（直到全部点亮）

状态8：间断 8 格的 4 个 LED 亮并逆时针旋转点亮

状态9：间断 8 格的 4 个 LED 亮，然后逆时针逐渐点亮（直到全部点亮）

状态10：从 LED 全部亮到全不亮（间断 8 格的 4 个 LED 开始逆时针熄灭）

状态11：间断 8 格的 4 个 LED 亮并顺时针旋转点亮

状态12：间断 8 格的 4 个 LED 亮，然后顺时针逐渐点亮（直到全部点亮）

状态13：从 LED 全部亮到全不亮（间断 8 格的 4 个 LED 开始顺时针熄灭）

状态14：从 LED 不亮到全亮（从 P0.0、P1.0、P2.0、P3.7 开始逐步点亮）

状态15：从 LED 全亮到全不亮（从 P0.7、P1.7、P2.7、P3.0 开始逐步熄灭）

状态16：LED 交替闪烁（频率由慢变快）

状态17：LED 从 P0.7 开始逆时针逐步点亮，并且速度逐渐变快

状态18：LED 从 P0.7 开始逆时针逐步点亮（每亮 8 位后就熄灭）

状态19：LED 从 P2.7 开始顺时针逐步点亮，（循环 2 次）并且速度逐渐变快

状态20：LED 从 P2.7 开始顺时针逐步点亮（每亮 8 位后就熄灭）

第4章
基于树莓派的应用系统实践

04

本章内容概述

本章在综合运用树莓派软硬件基础知识、传感器基础、Linux 基础以及 Python 语言程序设计等相关知识的基础上，引入由基础型、设计型到综合创新型的多层次、立体化实验案例，并在相应部分给出相关资源和实验器件清单。同时，在给出设计方案的基础上，对相关技术细节进行罗列和演示，包括基于树莓派的简单应用、基于树莓派的综合实验案例（综合创新型），启发式地引导学生设计硬件电路和软件编程，带领学生循序渐进由浅入深地进行案例实践，开启其创新思维，培养其在知识综合运用和工程设计等方面分析问题、解决问题的能力，为其以后的进一步学习奠定基础。需要说明的是，本章以树莓派 Raspberry Pi 3B/3B+为例讲解，如若使用更新版本可相应匹配其他配件。

本章知识点

- 树莓派概念
- 树莓派的功能
- 树莓派硬件接口
- 通用输入输出接口 GPIO 引脚功能
- Linux 基础
- Python 基础

4.1 基于树莓派的基础实验

综合运用树莓派软硬件基础知识、传感器基础知识、Linux 基础知识以及 Python 语言程序设计等相关知识，引导学生独立设计并完成应用系统实践，实现一个基于树莓派的简单实例；在此基础上，根据实际需求及可选择的硬件器件，合理设计、自主创新基于树莓派的创新实验。

4.1.1 实验目的

1. 从零开始，掌握软件下载方法；
2. 烧录树莓派系统、正确安装 Raspberry 所需软件并配置基本环境；

3．使用简单的 Linux 命令安装并更新需要的软件，如音乐播放器、文字处理软件等；

4．在 Linux 环境下使用命令编辑、编译和调试简单的 C 语言程序。

4.1.2　实验内容与任务

基础实验可以单人一组，以必做实验形式呈现。基础实验以信息技术为主，通过认识树莓派、烧录树莓派系统、树莓派端口介绍、环境配置和软件安装，引导学生在树莓派上编辑、编译和调试简单的 C 和 Python 程序，得到输出语句结果，即在树莓派上显示输出"hello world"语句。

4.1.3　实验器件

本次实验所需的实验器材包括树莓派主板、读卡器、SD 卡、VGA 线、HDMI 转 VGA 线、电源适配器（2.5 A）、USB 配线、鼠标、键盘以及一台 Linux 环境台式机。另外，根据具体的实验需求可另外配备 LED 灯、传感器、电动机等其他配件。所需实验器材清单如表 4-1 所示。

表 4-1　实验器材清单

序号	器材名称	序号	器材名称	序号	器材名称
1	树莓派主板	6	USB 配线	11	一台台式计算机
2	SD 卡	7	HDMI 转 VGA 线	12	LED 灯、电阻
3	读卡器	8	面包板	13	传感器（超声传感器、灰度传感器等）
4	VGA 线	9	杜邦线		
5	树莓派电源适配器(2.5 A)	10	鼠标、键盘	14	电动机及电机驱动器、连接器、六角尼龙柱、车轮及相关固定配件等

4.1.4　实验原理

1．认识树莓派

树莓派（Raspberry Pi）是一款基于 ARM 的微型电脑主板，以 SD/MicroSD 卡为存储媒体，同时拥有 HDMI 高清视频输出接口和视频模拟信号的电视输出接口，是尺寸仅有信用卡大小的一个小型电脑。其创始人埃本·厄普顿（Eben Epton）是英国剑桥大学博士，最初开发的动机是用于教育。树莓派基于 Linux 操作系统可连接电视、显示器、键盘、鼠标等设备使用，具备所有 PC 的基本功能；支持 C、Python、Java 等语言，用于学习计算机编程、培养计算机程序设计的兴趣和能力，性价比高，功能强大；树莓派能替代日常桌面计算机的多种用途，包括文字及电子表格处理、作为媒体中心甚至可以玩游戏。并且，树莓派还可以播放 1080P 的高清视频。总之，树莓派广泛应用于教育、机器人、工业自动化控制、物联网等领域。

2．树莓派端口介绍

树莓派的硬件接口包括树莓派电源接口、USB 接口、以太网接口、3.5 mm 耳机插孔、HDMI 接口、40 个 GPIO 接口、CPU 接口及 SD 卡槽等。如图 4-1 所示。

图 4-1　树莓派硬件接口

　　树莓派主板介绍。Raspberry Pi 3B 主板采用 BroadcomBCM2837，以 1.2 GHz 运行的四核 ARM Cortex-A53 CPU，具有蓝牙和 Wi-Fi 功能，并能够为通过 USB 端口与之相连的其他设备供电；Raspberry Pi 3B+主板，采用 BCM2837B0 型号的 CPU 构建，是基于 3B 版本的更新版本，处理器性能更优化，提升了主频，可以允许更好的时钟频率，更准确监控芯片的温度，升级版 LAN7515 支持千兆以太网。这里需要说明的是，读者可根据需要选用更新版本的树莓派，但是需要配备相应的配件。

3. 通用输入输出接口 GPIO

　　通用输入输出接口 GPIO（Genernal Purpose Input Output），或总线扩展器，利用工业标准 12C、SMBus 或 SPI 接口简化 I/O 口的扩展。在树莓派上 GPIO 是一个引脚插槽，允许对树莓派进行一定的物理扩展，当微控制器或芯片组没有足够的 I/O 端口，或当系统需要采用远端串行通信或控制时，GPIO 能够提供额外的控制和监视功能。树莓派上的处理器可以在程序运行期间提供特定功能，在程序执行时，GPIO 接口提供高电平或低电平（关闭状态或启动状态），或读取来自外围设备的信息，如与之相连的传感器的数据值，并根据接收到的数据值执行后续程序。树莓派还可通过 GPIO 连接 LED 控制其亮或灭，连接显示器显示信息，连接电动机驱动其运转，或是连接舵机等。与一般的台式机相对比，借助于 GPIO，开发人员可自行设计基于树莓派的多用途应用系统，具有一定的创新空间及设计和开发的自由度。GPIO 引脚对应接线如图 4-2 所示。

Pin#	NAME			NAME	Pin#
01	3.3V DC Power			DC Power 5V	02
03	GPIO02 (SDA1 , I2C)			DC Power 5V	04
05	GPIO03 (SCL1 , I2C)			Ground	06
07	GPIO04 (GPIO_GCLK)			(TXD0) GPIO14	08
09	Ground			(RXD0) GPIO15	10
11	GPIO17 (GPIO_GEN0)			(GPIO_GEN1) GPIO18	12
13	GPIO27 (GPIO_GEN2)			Ground	14
15	GPIO22 (GPIO_GEN3)			(GPIO_GEN4) GPIO23	16
17	3.3V DC Power			(GPIO_GEN5) GPIO24	18
19	GPIO10 (SPI_MOSI)			Ground	20
21	GPIO09 (SPI_MISO)			(GPIO_GEN6) GPIO25	22
23	GPIO11 (SPI_CLK)			(SPI_CE0_N) GPIO08	24
25	Ground			(SPI_CE1_N) GPIO07	26
27	ID_SD (I2C ID EEPROM)			(I2C ID EEPROM) ID_SC	28
29	GPIO05			Ground	30
31	GPIO06			GPIO12	32
33	GPIO13			Ground	34
35	GPIO19			GPIO16	36
37	GPIO26			GPIO20	38
39	Ground			GPIO21	40

图 4-2　GPIO 引脚对应接线

　　树莓派 GPIO 的 40 个外接引脚如图 4-3 所示。其中，内侧（左侧）从上至下分别为奇数引脚编号，即 1，3，5，7，…，39；外侧（右侧）从上至下分别为偶数引脚编号，即 2，4，6，8，…，40。当引脚不够用时，可使用树莓派扩展板或面包板进行转接或扩展，具体的引脚功能如表 4-2 所示。

图4-3　外接引脚

表4-2　引脚功能

Wedge Silk	Python （BCM）	WiringPi GPIO	Name	P1 Pin Number		Name	WiringPi GPIO	Python （BCM）	Wedge Silk
			3.3 V DC Power	1	2	5 V DC Power			
SDA		8	GPIO02 (SDA1,I2C)	3	4	5 V DC Power			
SCL		9	GPIO03 (SCL1,I2C)	5	6	Ground			
G4	4	7	GPIO04 (GPIO_GCLK)	7	8	GPIO14 (TXD0)	15		TXO
			Ground	9	10	GPIO15 (RXD0)	16		RXI
G17	17	0	GPIO17 (GPIO_GEN0)	11	12	GPIO18 (GPIO_GEN1)	1	18	G18
G27	27	2	GPIO27 (GPIO_GEN2)	13	14	Ground			
G22	22	3	GPIO22 (GPIO_GEN3)	15	16	GPIO23 (GPIO_GEN4)	4	23	G23
			3.3 V DC Power	17	18	GPIO24 (GPIO_GEN5)	5	24	G24
MOSI		12	GPIO10 (SPI_MOSI)	19	20	Ground			
MISO		13	GPIO09 (SPI_MOSI)	21	22	GPIO25 (GPIO_GEN6)	6	25	G25
		(no worky 14)	GPIO11 (SPI_CLK)	23	24	GPIO08 (SPI_GE0_N)	10		CD0

续表

Wedge Silk	Python （BCM）	WiringPi GPIO	Name	P1 Pin Number		Name	WiringPi GPIO	Python （BCM）	Wedge Silk
			Ground	25	26	GPIO07 (SPI_GE1_N)	11		CE1
IDSD		30	ID_SD(I2C ID EEPROM)	27	28	ID_SC(I2C ID EEPROM)	31		IDSC
G05	5	21	GPIO05	29	30	Ground			
G6	6	22	GPIO06	31	32	GPIO12	26	12	G12
G13	13	23	GPIO13	33	34	Ground			
G19	19	24	GPIO19	35	36	GPIO16	27	16	G16
G26	26	25	GPIO26	37	38	GPIO20	28	20	G20
			Ground	39	40	GPIO21	29	21	G21

为了方便编程，树莓派在烧录操作系统后预装了一些基本库，可以通过 C、Python 或 C++控制 GPIO。这里需要注意，在使用 C 编程时，如所烧录的操作系统含有 WiringPi 包，则不需要安装，否则可通过 sudo apt-get install git-core 命令安装 WiringPi 包；在使用 Python 编程时，Python 在 GPIO 有相应的库，同样，在需要安装时可以通过 sudo apt-get install python-RPI.GPIO 安装 RPI. GPIO 包。

4.1.5　实验步骤

引导学生在已配置完成的系统上，编辑、编译和调试简单的 C 语言程序示例，建立文件编辑程序，完成"hello world"程序的编辑、编译和运行，并保存结果截图以备书写实验报告使用。同时建议学生使用 Python 编写程序实现"hello world"程序。提出多个思考题，可让学生在课下查阅资料自行完成，并在实验报告中对思考题作答。

1. 烧录树莓派系统

在烧录树莓派系统前，引导学生正确连接所需实验元件。完成系统烧录，详细烧录步骤请参看 2.2.1 节。

2. 硬件环境搭建、软件环境配置及安装

完成环境配置包括网络环境配置、本地语言以及键盘映射等。详细介绍请参看 2.2.2 节。

3. 编辑、编译和调试 C 语言程序

编写第一个 C 语言程序"hello world"，在 Linux 环境下编辑、编译、运行第一个"hello world"程序，在控制台终端输入 Linux 命令并运行程序，得到显示输出语句的实验结果。具体要求为：

（1）双击终端图标，开启树莓派，如图 4-4 所示。

（2）在桌面上建立空文件，重命名为"名称.c"文件，如在桌面建立"hello.c"文件，打开文件，写入"hello world"程序，如代码清单 4-1 所示。

图4-4　打开树莓派软件

代码清单4-1　"hello world"程序

```
include<stdio.h>
int main()
{
    printf("hello world");
}
...  //所有子命令会列举在这里
(neutron)
```

（3）执行如下命令：

```
cd  Desktop/    进入桌面
gcc hello.c –o hello  编译程序
./hello    执行程序
```

要注意命令的空格、符号和格式的准确性。

（4）截图作为实验结果，放在实验报告的实验结果部分。

截图方法：截取整个屏幕并指定截取图片的位置和名字，截图命令为：

```
scrot    /home/pi/Desktop/example.png
```

该条命令行的含义为截图并保存在"/home/pi/Desktop/"路径下，图片名称为"example"，格式为".png"。可自行决定名称和路径。

4.1.6　实验扩展

（1）安装音频播放软件并播放音频；

（2）自行安装输入法；

（3）使用 Python 编写"hello world"程序在树莓派上运行；

（4）配置蓝牙功能，使手机与树莓派通过蓝牙传输文件。

4.2 基于树莓派的综合设计实验

本实验是一个基于树莓派的简单实践，利用超声波传感器，在理解树莓派 GPIO 接口知识及树莓派其他端口功能的基础上，根据需求完成算法设计和电路设计，使用不同语言（C 和 Python）编程实现算法，通过调试得到运行结果，将实际结果与预想结果相比对，进一步完善算法，提高基于树莓派的应用系统的灵敏度。

4.2.1 实验目的

1. 学习树莓派设计硬件系统的基本流程方法；
2. 掌握树莓派 GPIO 接口的基本使用方法；
3. 学习使用传感器的方法；
4. 掌握基于树莓派的程序设计方法；
5. 在 Linux 环境下使用命令编译和执行程序（C 或 Python）。

4.2.2 实验内容与任务

在综合设计实验中 2 人为一组。掌握树莓派 GPIO 接口和其他端口的使用方法，掌握面包板的使用方法及超声波测距的原理等；根据用户手册，在理解测距原理、发射端/接收端/控制电路的工作原理、超声波传感器引脚含义的基础上，设计算法，实现程序解决测距及 LED 灯的控制逻辑，在 Linux 环境下使用命令编译和执行程序点亮 LED 灯。具体要求如下。

设计硬件电路，分别使用 C 和 Python 编写程序实现下述需求：

（1）主程序为跑马灯程序，即小灯逐个闪烁，当用户手离超声波传感器 20 cm 或更小距离时小灯全亮；

（2）奇数小灯和偶数小灯交替闪烁，即 1、3、5、7 号小灯为一组，2、4、6、8 号小灯为一组，当用户手离超声波传感器 20 cm 或更小距离时小灯全灭。

4.2.3 实验器件

本环节除基础实验部分提到的器件外，还需要以下软硬件环境：硬件包括树莓派、LED 小灯、杜邦线（公母）、300 Ω 电阻、超声波测距传感器（HC-SR04）、面包板。

4.2.4 实验原理

1. 超声波传感器

超声波传感器常见用途为测量与障碍物间的距离，本实验使用的超声波传感器型号为 HC-SR04，如图 4-5 所示。

超声波传感器通过发送声波测量与障碍物间的距离，用发送和接收声波的时间差，乘声速，除以 2，得到超声波传感器与障碍物间的距离。超声波传感器有四个引脚，分别为 VCC、GND、TRIG 和 ECHO，分别为高电平、接地、触发控制信号输入端口和回响信号输出端口。

图 4-5　HC-SR04 超声波传感器

2. 温度传感器

使用温度传感器可测量当前环境温度。这里，以 DS18B20 温度传感器（如图 4-6 所示）为例介绍其原理及使用方法。

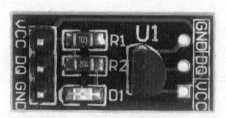

图 4-6　DS18B20 温度传感器

DS18B20 温度传感器是单总线控制的数字温度传感器，具有体积小、硬件成本低、抗干扰能力强、精确度高的特点。数字温度传感器易于连接，并可在包装后应用于各种场合。与传统的 AD 采集温度传感器不同，采用 1 线总线，可直接输出温度数据。

DS18B20 温度传感器采用独特的单线接口，只需一个引脚即可与微处理器进行双向通信。它支持多点网络以测量多点温度。它最多可连接 8 个传感器，但会消耗过多的电源并导致低电压，从而损害传输的稳定性。DS18B20 温度传感器具有 SIG、VCC、GND 三个引脚，其模块原理图如图 4-7 所示。

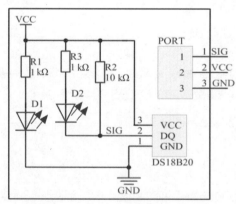

图 4-7　DS18B20 温度传感器模块原理图

3. 设计电路原理图

根据图 4-2 GPIO 引脚对应接线、图 4-3 引脚编号规律及 4.2.2 节所述的两个实验需求，设计电路图，分别使用 C 和 Python 完成编程。综合设计实验电路图如图 4-8 所示。

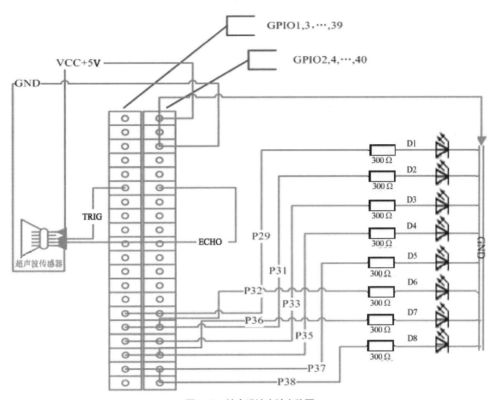

图 4-8　综合设计实验电路图

需要明确如下问题。

8 个 LED 小灯部分。8 个 LED 小灯为并联关系，每一路 LED 小灯与电阻之间是串联关系。1 号 LED 小灯正极接 29 号引脚，即 29 号引脚出来的杜邦线先接电阻再接 LED 小灯。其他 LED 小灯依次类推，2 号 LED 小灯正极接 31 号引脚，3 号 LED 小灯正极接 33 号引脚，4 号 LED 小灯正极接 35 号引脚，5 号 LED 小灯正极接 37 号引脚，6 号 LED 小灯正极接 32 号引脚，7 号 LED 小灯正极接 36 号引脚，8 号 LED 小灯正极接 38 号引脚，LED 小灯负极一起接到树莓派的 6 号接地引脚。C 语言程序里 WiringPi 定义的 IO 端口 21~28，见表 4-2 中的第 3 列和第 8 列。

超声波传感器（HC-SR04）部分。Trig 对应 11 号引脚；Echo 对应 12 号引脚；VCC 对应 2 号引脚（5 V）；GND 对应 6 号引脚（接地）。

4.2.5　实验步骤

软件环境使用 C 和 Python 编程。

（1）需要安装 WiringPi 包（若提供的系统已包含，则不需要再次安装），使用 "sudo apt-get install git-core" 命令安装。

（2）使用 Python，则需要 RPI.GPIO 包，使用 "sudo apt-get install python-RPI.GPIO" 安装。注意有些系统自带 RPI.GPIO 包，不需要特别安装。

（3）设计硬件电路，如图 4-8 所示，并分别使用 C 和 Python 编写程序实现下述需求。

① 主程序为跑马灯程序，即小灯逐个闪烁，用户手离超声波传感器 20 cm 或更小距离时小灯全亮；

② 奇数小灯和偶数小灯交替闪烁，即 1、3、5、7 号小灯为一组，2、4、6、8 号小灯为一组，用户手离超声波传感器 20 cm 或更小距离时小灯全灭。

（4）编辑并保存程序。

（5）使用命令：

```
gcc index1.c –o index1 –lwiringPi
sudo ./index1
```

或

```
index1.py
sudo python index1.py
```

介于学生的基础，可适当给出以 C 语言编写的参考代码，然后让学生仿照结构编写 Python 程序。用 C 语言编写的跑马灯程序参考代码如代码清单 4-2 所示。

代码清单 4-2　跑马灯程序

```c
//index1.c
//方案一：8 个小灯逐个闪烁（跑马灯程序），用户手离超声波传感器一定距离以内小灯全亮（20 厘米）
//import the necessary packages
#include <wiringPi.h>
#include <stdio.h>
#include <sys/time.h>
//define the HC_SR04/led
#define Trig      0
#define Echo      1
#define led1      21
#define led2      22
#define led3      23
#define led4      24
#define led5      25
#define led6      26
#define led7      27
#define led8      28
//初始化
void ultraInit(void)
{
    pinMode(Echo,INPUT);
    pinMode(Trig, OUTPUT);
    pinMode(led1, OUTPUT);
    pinMode(led2, OUTPUT);
    pinMode(led3, OUTPUT);
    pinMode(led4, OUTPUT);
    pinMode(led5, OUTPUT);
    pinMode(led6, OUTPUT);
    pinMode(led7, OUTPUT);
    pinMode(led8, OUTPUT);
}
//测距，通过超声波传感器 HC-SR04
```

```c
float disMeasure(void)
{
    struct timeval tv1;
    struct timeval tv2;
    long start, stop;
    float dis;
    digitalWrite(Trig, LOW);
    delayMicroseconds(2);
    digitalWrite(Trig, HIGH);
    delayMicroseconds(10);
    digitalWrite(Trig, LOW);
    while(!(digitalRead(Echo) == 1));
    //get the time of now
    gettimeofday(&tv1, NULL);
    while(!(digitalRead(Echo) == 0));
    //get the time of now
    gettimeofday(&tv2, NULL);
    //时间差计算
    start = tv1.tv_sec * 1000000 + tv1.tv_usec;
    stop  = tv2.tv_sec * 1000000 + tv2.tv_usec;
    //距离
    dis = (float)(stop - start) / 1000000 * 34000 / 2;
    return dis;//返回距离值
}
    //主函数
int main(int argc, char* argv[])
{
    // led 数组
    int led[8] = {21, 22, 23, 24, 25, 26, 27, 28};
    //定义 temp
    int temp = 0;
    //距离
    float dis;
    if(wiringPiSetup() == -1)
    { //when initialize wiring failed,print message to screen
        printf("setup WiringPi failed !");
        return 1;
    }
//调用初始化
    ultraInit();
    digitalWrite(21, LOW);
    digitalWrite(22, LOW);
    digitalWrite(23, LOW);
    digitalWrite(24, LOW);
    digitalWrite(25, LOW);
    digitalWrite(26, LOW);
    digitalWrite(27, LOW);
    digitalWrite(28, LOW);
    //循环
    for(;;)
    {
```

```
        dis = disMeasure();
        if(dis < 20)
//当距离小于 20 cm 时
        {
            digitalWrite(led1, HIGH);
            digitalWrite(led2, HIGH);
            digitalWrite(led3, HIGH);
            digitalWrite(led4, HIGH);
            digitalWrite(led5, HIGH);
            digitalWrite(led6, HIGH);
            digitalWrite(led7, HIGH);
            digitalWrite(led8, HIGH);
        }
        else
//当距离大于 20 cm 时
        {
            digitalWrite(led1, LOW);
            digitalWrite(led2, LOW);
            digitalWrite(led3, LOW);
            digitalWrite(led4, LOW);
            digitalWrite(led5, LOW);
            digitalWrite(led6, LOW);
            digitalWrite(led7, LOW);
            digitalWrite(led8, LOW);
            digitalWrite(led[temp], HIGH);
            if(temp == 7)
                temp = 0;
            else
                temp += 1;
        }
        //时间延迟
        delayMicroseconds(1000000);
        //输出距离
        printf("%0.2f m\n", &dis);
    }
    return 0;
}//结束
```

用 C 语言编写的小灯交替闪烁程序参考代码如代码清单 4-3 所示。

代码清单 4-3　小灯交替闪烁

```
//index2.c
//方案二：奇数小灯和偶数小灯逐个闪烁，用户手离超声波传感器一定距离以内小灯全灭（20 厘米）
//import the necessary packages
#include <wiringPi.h>
#include <stdio.h>
#include <sys/time.h>
#include <stdbool.h>
//定义超声波传感器 HC-SR04/led
#define Trig    0
#define Echo    1
```

```
#define led1    21
#define led2    22
#define led3    23
#define led4    24
#define led5    25
#define led6    26
#define led7    27
#define led8    28
//初始化
void ultraInit(void)
{
    pinMode(Echo, INPUT);
    pinMode(Trig, OUTPUT);
    pinMode(led1, OUTPUT);
    pinMode(led2, OUTPUT);
    pinMode(led3, OUTPUT);
    pinMode(led4, OUTPUT);
    pinMode(led5, OUTPUT);
    pinMode(led6, OUTPUT);
    pinMode(led7, OUTPUT);
    pinMode(led8, OUTPUT);
}
//测量距离，通过超声波传感器 HC-SR04
float disMeasure(void)
{
    struct timeval tv1;
    struct timeval tv2;
    long start, stop;
    float dis;
    digitalWrite(Trig, LOW);
    delayMicroseconds(2);
    digitalWrite(Trig, HIGH);
    delayMicroseconds(10);
    digitalWrite(Trig, LOW);
    while(!(digitalRead(Echo) == 1));
    //获取时间
    gettimeofday(&tv1, NULL);
    while(!(digitalRead(Echo) == 0));
    //获取时间
    gettimeofday(&tv2, NULL);
    //时间
    vstart = tv1.tv_sec * 1000000 + tv1.tv_usec;
    stop  = tv2.tv_sec * 1000000 + tv2.tv_usec;
    //计算距离
    dis = (float)(stop - start) / 1000000 * 34000 / 2;
    //返回距离
    return dis;
}
int main(int argc, char* argv[])
{
    //定义 led 数组
```

```
int led[8] = {21, 22, 23, 24, 25, 27, 28, 29};
bool temp = true;
//距离
float dis;
if(wiringPiSetup() == −1)
{ //when initialize wiring failed,print message to screen
    printf("setup WiringPi failed !");
    return 1;
}
//调用初始化
ultraInit();
digitalWrite(21, LOW);
digitalWrite(22, LOW);
digitalWrite(23, LOW);
digitalWrite(24, LOW);
digitalWrite(25, LOW);
digitalWrite(27, LOW);
digitalWrite(28, LOW);
digitalWrite(29, LOW);
//循环
for(;;)
{
    dis = disMeasure();
    if(dis < 20){
    //当距离小于 20 cm 时
        digitalWrite(led1, LOW);
        digitalWrite(led2, LOW);
        digitalWrite(led3, LOW);
        digitalWrite(led4, LOW);
        digitalWrite(led5, LOW);
        digitalWrite(led6, LOW);
        digitalWrite(led7, LOW);
        digitalWrite(led8, LOW);
    }
    //当距离大于 20 cm 时
    else
    {
        digitalWrite(led1, LOW);
        digitalWrite(led2, LOW);
        digitalWrite(led3, LOW);
        digitalWrite(led4, LOW);
        digitalWrite(led5, LOW);
        digitalWrite(led6, LOW);
        digitalWrite(led7, LOW);
        digitalWrite(led8, LOW);
        if(temp == true)
        {
            digitalWrite(led1, HIGH);
            digitalWrite(led3, HIGH);
            digitalWrite(led5, HIGH);
            digitalWrite(led7, HIGH);
```

```
        }
        else
        {
            digitalWrite(led2, HIGH);
            digitalWrite(led4, HIGH);
            digitalWrite(led6, HIGH);
            digitalWrite(led8, HIGH);
        }
        temp = !temp;
    }
    //时间延迟
    delayMicroseconds(1000000);
    //输出距离
    printf("%0.2f m\n", &dis);
    }
    return 0;
}//结束
```

4.2.6 实验思考题及实验结果

1. 思考题

根据自己的理解简要叙述 C 语言与 Python 语言的特点。

2. 实验结果

实验结果展示如图 4-9 所示。

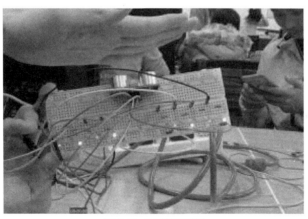

图 4-9 实验结果展示

4.3 基于树莓派的综合创新实验

本实验是一个比较完整的工程实践，要求在学习树莓派的软硬件知识、掌握树莓派相关端口知识的基础上，深入理解和学会使用 GPIO 功能；掌握超声波传感器和灰度传感器的工作原理、内部结构及其使用方法，掌握智能车的组装方法；根据需求对实验内容进行方案设计，并设计算法和电路；选择合适的语言编程实现算法，并将实际结果与测试结果比对；分析应用系统的运行结果及怎样进一步提高整个应用系统的性能，如添加其他传感器扩展功能、提高智能车循迹和避障的灵敏度。

4.3.1　实验目的

1. 学习基于树莓派设计智能小车的基本流程和方法；
2. 掌握树莓派 GPIO 接口的基本使用方法；
3. 掌握传感器的使用方法；
4. 掌握基于树莓派的程序设计方法；
5. 在 Linux 环境下使用命令编译和执行程序（C 或 Python）。

4.3.2　实验内容与任务

本实验采取以小组为单位，组长负责制，可在教师提供的题目中选择，也可以自拟题目，要求为解决工程实践问题。教师引导学生根据已掌握的树莓派、传感器、C 或 Python 程序设计基础、配件的使用等相关知识，根据需求设计算法、方案和硬件电路，选择程序设计语言编程实现，调试得到运行结果，并对结果进行分析，实现避障和循迹功能。

智能车需求为，设计并实现智能车的避障和循迹功能。避障功能，当遇到障碍物小于一定距离时，实现小车转向；循迹功能，智能车按照规定轨迹行进。具体要求包括：掌握超声波传感器和灰度传感器原理，设计方案实现小车的功能，包括组装、硬件电路、超声波传感器、电机驱动器及电动机的连线设计，使用 C 或 Python 语言编写程序；调试得到运行结果，将实际值与预想值进行比较，分析产生偏差原因，并思考提高精确度的方案；最后，进行分组展示，开展自评和互评，交流学习，撰写并提交报告。

4.3.3　实验器件

本环节除基础实验部分用到的器件外，还需要灰度传感器、超声波传感器、直流电动机、电机驱动器、连接器、六角尼龙柱、车轮及相关固定配件。

4.3.4　实验原理

智能车可称为机器人的一种，机器人的定义为能自动执行工作的机械装置。机器人由控制系统、机械装置和传感装置组成。控制系统我们使用树莓派实现，机械装置对应于执行机构，传感装置对应于人类的感觉实现传动和感知功能。智能车基于树莓派，树莓派执行代码并通过 GPIO 接口控制传动和感知设备，机械设备根据程序设定按照预想的动作完成任务。从机器人与人类的类比角度看，相对于人类的感官而言，传感器有超声波传感器、灰度传感器、温湿度传感器等，实现了人类的听、说、看、动等。

1. 组装智能车和安装传感器

组装智能车首先需要将小车底盘组装好。组装完成后，智能车底盘如图 4-10 所示。安装步骤包括：固定直流电动机，直流电动机紧贴 T 型连接器外侧，T 型连接器穿过底盘方形卡槽，选择合适的螺丝和螺母拧紧固定；另一侧的直流电动机同理；安装万向轮，需要较短的六角尼龙柱、万向轮，通过六角尼龙柱用螺丝将万向轮与小车底盘相连接，用六角尼龙柱固定两个底盘；安装车轮，将车轮安装到直流电动机的驱动轴上，注意车轮上的方形卡槽与直流电动机的驱动轴对齐。

图 4-10　智能车底盘

安装传感器。需要 1 个超声波传感器和 2 个灰度传感器。灰度传感器安装在带光敏电阻的一侧，位置为车轮前方直流电动机底部；超声波传感器安装在两个底盘之间，位置为小车前方。驱动板安装在底盘的上方，树莓派固定于另一底盘上方。需要说明的是，车尾指的是安装万向轮的一侧。

2. 智能车原理图

超声波传感器部分。

（1）VCC 对应树莓派的 2 号针脚；

（2）GND 对应 14 号针脚；

（3）ECHO 对应 15 号针脚；

（4）TRIG 对应 13 号针脚。

树莓派、电机驱动器、电动机之间的连线如图 4-11 所示。

（1）In1～In4 分别对应 WiringPi、GPIO 的 21～24 端口；

（2）ENA、ENB 分别对应 WiringPi、GPIO 的 0、1 端口；

（3）超声波传感器使用 WiringPi、GPIO 的 2、3 端口；

（4）灰度传感器使用 WiringPi，GPIO 的 27、28 端口。

电动机需要 2 路使能信号、4 路控制信号。升压模块，5 V 供电需升至 12 V，再连接 L298N 的 12 V 供电端口，若没有升压站，直接连接 5 V 供电端口。循迹部分连线图见图 4-12 所示。

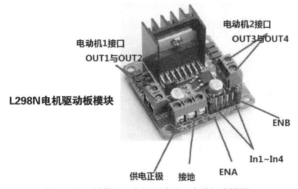

图 4-11　树莓派、电机驱动器、电动机连线图

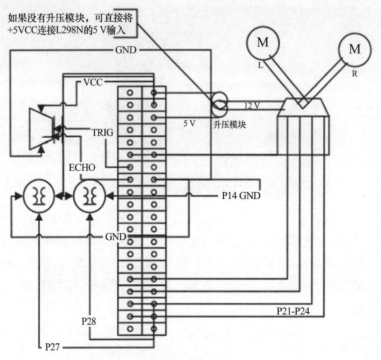

图 4-12　循迹部分连线图

4.3.5　实验步骤

1. 总体设计要求

基本功能为避障功能和循迹功能。扩展功能包括：

（1）增加红外传感器和液晶屏显示检测到的信息；

（2）增加继电器，根据周围环境做出断开动作。

实验完成后，进行分组展示，开展自评和互评，交流学习，撰写并提交报告。

2. 执行相关 Linux 命令

（1）避障示例程序主要由 smartcar.h、smartcar.c 和 stop.c 三个程序组成。

（2）执行程序

```
执行命令 gcc smartcar.c –o smartcar –lwiringPi
运行避障 sudo ./smartcar
执行命令 gcc stop.c –o stop –lwiringPi
让小车停止 sudo ./stop
```

（3）循迹示例程序主要由 smartcar.h 和 smartcar.c 程序组成。

```
执行命令 gcc smartcar.c –o smartcar –lwiringPi
运行循迹 sudo ./smartcar
Ctrl+C 组合键停止运行
```

3. 实验参考代码

避障部分程序如代码清单 4-4 所示。（仅给出 C 语言编程参考代码，思考题中要求根据 C 语言编写的程序，尝试以 Python 语言再次实现需求）

代码清单 4-4　避障部分程序

```c
//由 smartcar.h、smartcar.c 和 stop.c 三个程序组成
//smartcar.h
#include <wiringPi.h>
#include <sys/time.h>
#define ENABLE_A 0
#define ENABLE_B 1
#define TRIG 2
#define ECHO 3
#define LEFT_SIGNAL_1 21
#define LEFT_SIGNAL_2 22
#define RIGHT_SIGNAL_1 24
#define RIGHT_SIGNAL_2 23
#define BOOL int
#define LEFT_DETECT_SIGNAL 27
#define RIGHT_DETECT_SIGNAL 28
void setup();
void data_write(int data[4]);
void go_ahead();
void turn_left();
void stop();
void turn_right();
float measure_distance();
BOOL has_obstacle();
//smartcar.c
#include <wiringPi.h>
#include <sys/time.h>
#include <stdio.h>
#include <stdlib.h>
#include "smartcar.h"
void setup()
{
    if(wiringPiSetup() == -1)
    {
        puts("an error ocurred when setup");
        exit(-1);
    }
    pinMode(ENABLE_A,OUTPUT);
    pinMode(ENABLE_B,OUTPUT);
    pinMode(LEFT_SIGNAL_1,OUTPUT);
    pinMode(LEFT_SIGNAL_2,OUTPUT);
    pinMode(RIGHT_SIGNAL_1,OUTPUT);
    pinMode(RIGHT_SIGNAL_2,OUTPUT);
    pinMode(LEFT_DETECT_SIGNAL, INPUT);
    pinMode(RIGHT_DETECT_SIGNAL, INPUT);
```

```c
    pinMode(TRIG, OUTPUT);
    pinMode(ECHO,INPUT);
}
float measure_distance()
{
struct timeval tv1;
    struct timeval tv2;
    long start, stop;
    float dis;
    digitalWrite(TRIG, LOW);
    delayMicroseconds(2);
    digitalWrite(TRIG, HIGH);
    delayMicroseconds(10);
    digitalWrite(TRIG, LOW);
    while(!(digitalRead(ECHO) == 1));
    //获取时间
    gettimeofday(&tv1, NULL);

    while(!(digitalRead(ECHO) == 0));
    //获取时间
    gettimeofday(&tv2, NULL);
    //时间
    start = tv1.tv_sec * 1000000 + tv1.tv_usec;
    stop  = tv2.tv_sec * 1000000 + tv2.tv_usec;
    //根据时间差计算距离
    dis = (float)(stop - start) / 1000000 * 34000 / 2;
    return dis;
}
BOOL has_obstacle()
{
    if(measure_distance() < 15)
    {
        return TRUE;
    }
    else
    {
        return FALSE;
    }
}
void data_write(int data[4])
{
    digitalWrite(ENABLE_A,1);
    digitalWrite(ENABLE_B,1);
    digitalWrite(LEFT_SIGNAL_1,data[0]);
    digitalWrite(LEFT_SIGNAL_2,data[1]);
    digitalWrite(RIGHT_SIGNAL_1,data[2]);
    digitalWrite(RIGHT_SIGNAL_2,data[3]);
}
void go_ahead( )
{
    puts("go ahead");
```

```
        int data[] = {1,0,1,0};
        data_write(data);
        delayMicroseconds(1e5);
        stop();
    }
    void stop()
    {
        int data[] = {0,0,0,0};
        data_write(data);
    }
    void turn_left()
    {
        puts("turn left");
        int data[] = {0,1,1,0};
        data_write(data);
        delayMicroseconds(1e5);
        stop();
    }
    void turn_right()
    {
        puts("turn right");
        int data[] = {1,0,0,1};
        data_write(data);
        delayMicroseconds(1e5);
        stop();
    }
    int main(int argc, char * argv[])
    {
        setup();
        while(1)
        {
            printf("%d %d %2.4f\n",digitalRead(LEFT_DETECT_SIGNAL),
digitalRead(RIGHT_DETECT_SIGNAL), measure_distance());
            while(!has_obstacle())
            {
            printf("%d %d %2.4f\n",digitalRead(LEFT_DETECT_SIGNAL),
digitalRead(RIGHT_DETECT_SIGNAL) , measure_distance());
                go_ahead();
            }
        // while(!has_obstacle())
            {
                turn_left();
            }
        }
        puts("test\n");
        return 0;
    }
    //stop.c
    #include <wiringPi.h>
    #include <sys/time.h>
    #include <stdio.h>
```

```c
#include <stdlib.h>
#include "smartcar.h"
void setup()
{
    if(wiringPiSetup() == -1)
    {
        puts("an error ocurred when setup");
        exit(-1);
    }
    pinMode(ENABLE_A,OUTPUT);
    pinMode(ENABLE_B,OUTPUT);
    pinMode(LEFT_SIGNAL_1,OUTPUT);
    pinMode(LEFT_SIGNAL_2,OUTPUT);
    pinMode(RIGHT_SIGNAL_1,OUTPUT);
    pinMode(RIGHT_SIGNAL_2,OUTPUT);
    pinMode(LEFT_DETECT_SIGNAL, INPUT);
    pinMode(RIGHT_DETECT_SIGNAL, INPUT);
    pinMode(TRIG, OUTPUT);
    pinMode(ECHO,INPUT);
}
float measure_distance()
{
struct timeval tv1;
    struct timeval tv2;
    long start, stop;
    float dis;
    digitalWrite(TRIG, LOW);
    delayMicroseconds(2);
    digitalWrite(TRIG, HIGH);
    delayMicroseconds(10);
    digitalWrite(TRIG, LOW);

    while(!(digitalRead(ECHO) == 1));
    //获取时间
    gettimeofday(&tv1, NULL);
    while(!(digitalRead(ECHO) == 0));
    //获取时间
    gettimeofday(&tv2, NULL);
    //时间
    start = tv1.tv_sec * 1000000 + tv1.tv_usec;
    stop  = tv2.tv_sec * 1000000 + tv2.tv_usec;
    //根据时间差计算距离
    dis = (float)(stop - start) / 1000000 * 34000 / 2;
    return dis;
}
BOOL has_obstacle()
{
    if(measure_distance() < 15)
    {
        return TRUE;
    }
```

```c
        else
        {
            return FALSE;
        }
}
void data_write(int data[4])
{
    digitalWrite(ENABLE_A,1);
    digitalWrite(ENABLE_B,1);
    digitalWrite(LEFT_SIGNAL_1,data[0]);
    digitalWrite(LEFT_SIGNAL_2,data[1]);
    digitalWrite(RIGHT_SIGNAL_1,data[2]);
    digitalWrite(RIGHT_SIGNAL_2,data[3]);
}
void go_ahead( )
{
    puts("go ahead");
    int data[] = {1,0,1,0};
    data_write(data);
    delayMicroseconds(1e5);
    stop();
}
void stop()
{
    int data[] = {0,0,0,0};
    data_write(data);
}
void turn_left()
{
    puts("turn left");
    int data[] = {0,1,1,0};
    data_write(data);
    delayMicroseconds(1e5);
    stop();
}
void turn_right()
{
    puts("turn right");
    int data[] = {1,0,0,1};
    data_write(data);
    delayMicroseconds(1e5);
    stop();
}
int main(int argc, char * argv[])
{
    setup();
    stop();
    return 0;
}
```

用 C 语言编写的循迹部分程序参考代码清单 4-5。

代码清单 4-5　循迹部分程序

```c
//主要由 smartcar.h 和 smartcar.c 程序组成
//smartcar.h
#include <wiringPi.h>
#include <sys/time.h>
#define ENABLE_A 0
#define ENABLE_B 1
#define LEFT_SIGNAL_1 21
#define LEFT_SIGNAL_2 22
#define RIGHT_SIGNAL_1 24
#define RIGHT_SIGNAL_2 23
#define LEFT_DETECT_SIGNAL 27
#define RIGHT_DETECT_SIGNAL 28
void setup();
void data_write(int data[4]);
void go_ahead();
void turn_left();
void stop();
void turn_right();
//smartcar.c
#include <wiringPi.h>
#include <sys/time.h>
#include <stdio.h>
#include <stdlib.h>
#include "smartcar.h"
void setup()
{
    if(wiringPiSetup() == -1)
    {
        puts("an error ocurred when setup");
        exit(-1);
    }
    pinMode(ENABLE_A,OUTPUT);
    pinMode(ENABLE_B,OUTPUT);
    pinMode(LEFT_SIGNAL_1,OUTPUT);
    pinMode(LEFT_SIGNAL_2,OUTPUT);
    pinMode(RIGHT_SIGNAL_1,OUTPUT);
    pinMode(RIGHT_SIGNAL_2,OUTPUT);
    pinMode(LEFT_DETECT_SIGNAL, INPUT);
    pinMode(RIGHT_DETECT_SIGNAL, INPUT);
}
void data_write(int data[4])
{
    digitalWrite(ENABLE_A,1);
    digitalWrite(ENABLE_B,1);
    digitalWrite(LEFT_SIGNAL_1,data[0]);
    digitalWrite(LEFT_SIGNAL_2,data[1]);
    digitalWrite(RIGHT_SIGNAL_1,data[2]);
    digitalWrite(RIGHT_SIGNAL_2,data[3]);
}
```

```c
    void go_ahead( )
    {
        puts("go ahead");
        int data[] = {1,0,1,0};
        data_write(data);
        delayMicroseconds(3e4);
        stop();
        delayMicroseconds(5e4);
    }
    void stop()
    {
        int data[] = {0,0,0,0};
        data_write(data);
    }
    void turn_left()
    {
        puts("turn left");
        int data[] = {0,1,1,0};
        data_write(data);
        delayMicroseconds(1e4);
        stop();
        delayMicroseconds(1e4);
    }
    void turn_right()
    {
        puts("turn right");
        int data[] = {1,0,0,1};
        data_write(data);
        delayMicroseconds(1e4);
        stop();
        delayMicroseconds(1e4);
    }
    //主函数
    int main(int argc, char * argv[])
    {
        setup();
        while(1)
        {
            printf("%d  %d\n",digitalRead(LEFT_DETECT_SIGNAL),
digitalRead(RIGHT_DETECT_SIGNAL));
            while(digitalRead(LEFT_DETECT_SIGNAL) && digitalRead(RIGHT_DETECT_SIGNAL))
            {
                go_ahead();
            }
            while(!digitalRead(LEFT_DETECT_SIGNAL))
            {
                turn_left();
            }
            while(!digitalRead(RIGHT_DETECT_SIGNAL))
            {
                turn_right();
```

```
        }
    }
    puts("test\n");
    return 0;
}
```

4.3.6 实验思考题及实验结果

1. 思考题

（1）自行设计，使用 Python 语言实现智能车的避障和循迹功能；

（2）根据自己的理解简要叙述 C 语言与 Python 语言的特点。

2. 实验结果

实验结果示例如图 4-13 所示。

图 4-13　实验结果示例

第5章
智能家居的设计与应用实践

本章内容概述

近几年，面向智能家居的短距离无线通信技术飞速发展，在已出现的各种短距离无线通信技术中，Wi-Fi、ZigBee以及蓝牙是当前连接智能家居产品的主要手段。同时，作为短距离无线通信的基础，无线路由器的使用与无线网络的搭建也越来越普及。智能家居综合体现了移动互联网与物联网技术在日常生活中的运用，移动互联网技术的广泛运用，将使得家居智能化、舒适性、安全性、绿色节能等方面出现飞跃式的发展，极大改变人们的生活方式。

本章实训内容主要包括智能家居系统实物设计、智能家居系统虚拟设计、实验扩展和创新思维训练四部分。在实训开始前，首先要进行无线网络的搭建，要求学生根据手中的设备自主设计符合逻辑的智能场景。各个设备间的交互映射如图5-1所示。

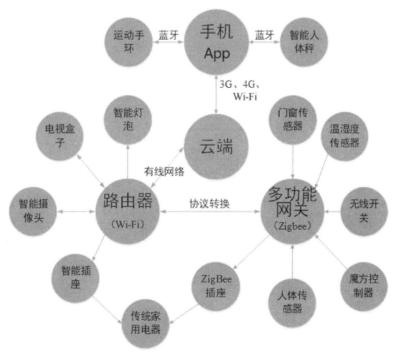

图5-1　设备间的交互映射

本章知识点

- 智能家居系统概况
- 智能家居系统组成
- 智能家居系统设计
- 无线通信技术在智能家居中的应用

5.1 智能家居系统实物设计

本节要求学生综合运用所学知识，基于小米智能家居套件，在熟练掌握各类智能设备使用方法的基础上，构建一套智能家居实物系统。通过智能家居系统的搭建过程，了解传感器的工作原理及无线通信的工作模式，体会智能家居给生活带来的便捷。

5.1.1 实验准备

准备设备，实验开始前先将设备进行复位操作，具体复位方法见表 5-1。

表 5-1 设备复位方法

序号	设备名称	复位方法	备注
1	路由器	长按重置孔（RESET）约 5 秒	
2	多功能网关	按住网关顶部的开关键约 5 秒	
3	智能插座（基础版）	按住插座顶部的开关键约 5 秒	说明书上有具体的复位方法
4	灯泡	使用电源开关连续开关灯 5 次	
5	摄像头	长按重置孔（RESET）约 5 秒	
6	电视盒子	开机—小米盒子设置—关于—恢复出厂设置—还原	

5.1.2 无线局域网的搭建

1. 路由器简介

路由器是连接因特网中各局域网、广域网的设备，它会根据信道的情况自动选择和设定路由，以最佳路径，按前后顺序发送信号。路由器是互联网络的枢纽，"交通警察"。目前路由器已经广泛应用于各行各业，各种不同档次的路由器产品已成为实现各种骨干网内部连接、骨干网间互联和骨干网与互联网互联互通业务的主力军。

路由器用于连接多个逻辑上分开的网络，所谓逻辑网络是一个单独的网络或者一个子网。当数据从一个子网传输到另一个子网时，可通过路由器的路由功能来完成。因此，路由器具有判断网络地址和选择 IP 路径的功能，它能在多网络互联环境中建立灵活的连接，可用完全不同的数据分组和介质访问方法连接各种子网。路由器只接受源站或其他路由器的信息，属于一种网络层的互联设备。

本次实训采用的是小米公司的路由器，型号为小米路由器 3，实物如图 5-2 所示。它采用四天线全向设计，支持 802.11AC 千兆 Wi-Fi 网络，2.4 GHz 和 5 GHz 双频并发，双频并发速率最高可达

1167 Mbit/s，具有 128 MB 的 FLASH 配置。

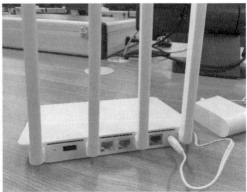

图 5-2　路由器实物图

2. 端口与指示灯说明

（1）端口说明

电源接口（POWER）：接口连接电源。

复位键（RESET）：此按键可以还原路由器的出厂设置。

外网接口（WAN）：此接口连接路由器到光纤/ADSL 猫/外网网线。

局域网接口（LAN）：此接口用于有线设备与路由器的连接。

（2）指示灯说明：指示灯说明如表 5-2 所示。

表 5-2　指示灯说明

指示灯	状态说明
熄灭	关机状态或未连接电源
黄灯	系统升级中（闪烁），系统启动中（长亮）
蓝灯	正常运行（长亮）
红灯	安全模式（闪烁），系统故障（长亮）

3. 路由器的设置方法

（1）将路由器上电，连接外网。

（2）下载小米路由器 App 进行无线设置。

5.1.3　实验设备调试

1. 多功能网关

多功能网关是智能家居器件网络的核心，起到协议转换器的作用，将 ZigBee 信号和 Wi-Fi 信号进行协议间相互转换，通过路由器将信号发送出去，实现和手机 App 的互联。工作温度为 0℃～40℃；工作湿度为 5%～95%RH，无冷凝。输入电压为 100～240 V AC，50 Hz/60 Hz。无线协议为 Wi-Fi 2.4 GHz，ZigBee。同时，在协议转换的基础上网关本身还自带了音乐播放器、收音机、LED 彩灯等功能，实物如

图 5-3 所示。

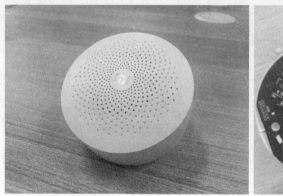

图5-3　多功能网关实物图

使用方法如下。

（1）首先将网关通电，同时确保手机已连接到 2.4 GHz 频段的 Wi-Fi 网络。

（2）长按网关顶部的开关约 5 秒，将设备复位。

（3）打开智能家居客户端，根据提示选择快速连接新设备，或通过右上角"+"添加要连接的小米多功能网关，然后根据提示继续操作。

2. 门窗传感器

门窗传感器分为两部分，一部分内置 ZigBee 无线芯片、电源和干簧管，另一部分内置磁铁，实物如图 5-4 所示。

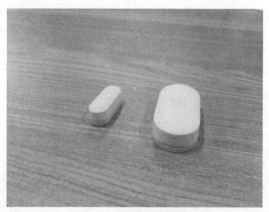

图5-4　门窗传感器实物图

干簧管通过感应和磁铁之间的距离发出相应的高低电平，然后通过 ZigBee 芯片以无线形式发送出去，以此来感应门窗等的开关。干簧管的工作原理非常简单，两片端点处重叠的可磁化的簧片密封于一玻璃管中，两簧片分隔的距离仅约几微米，玻璃管中充有高纯度的惰性气体，在尚未操作时，两片簧片并未接触，外加的磁场使两片簧片端点位置附近产生不同的极性，两片不同极性的簧片互相吸引并闭合。以此技术可做成体积非常小的切换组件，并且切换速度非常快速，具有非常优异的可信赖性。永久磁铁的方位和方向确定何时以及多少次打开和关闭开关。

如此形成一个转换开关：当永久磁铁靠近干簧管或绕在干簧管上的线圈通电形成的磁场使簧片磁化时，簧片的触点部分就会被吸引，当吸引力大于簧片的弹力时，常开触点就会吸合；当磁力减小到一定程度时，触点由于簧片的弹力而打开。

使用方法如下。

（1）长按设备的重置孔 3 秒，提示灯闪烁 3 次，恢复出厂设置。

（2）打开智能家居客户端。

（3）在多功能网关界面选择添加子设备。

（4）根据提示完成添加。

3．人体红外传感器

人体红外传感器内置 ZigBee 无线芯片、热释电红外传感器、透镜和电池等部件，实物如图 5-5 所示。

图 5-5　人体红外传感器实物图

其中热释电红外传感器是一种由高热电系数的材料，如锆钛酸铅陶瓷、钽酸锂、硫酸三甘肽等制成的尺寸为 2 mm×1 mm 的探测元件。每个探测器内装有一个或两个探测元件，且两个探测元件以反极性串联，以抑制由于自身温度升高而产生的干扰。探测元件将探测并接收到的红外辐射转变成微弱的电压信号，再经装在探头内的场效应管放大后向外输出。为了提高探测器的探测灵敏度以增大探测距离，一般在探测器的前方装设一个菲涅尔透镜。该透镜用透明塑料制成，其上、下两部分各分成若干等份，成为一种具有特殊光学系统的透镜，它和放大电路相配合，可将信号放大 70 倍以上，这样可测出 20 米范围内人的行动。

菲涅尔透镜利用透镜的特殊光学原理，在探测器前方产生一个交替变化的"盲区"和"高灵敏区"，以提高它的探测接收灵敏度。当有人从透镜前走过时，人体发出的红外线就不断地交替从"盲区"进入"高灵敏区"，这样就使接收到的红外信号以忽强忽弱的脉冲形式输入，从而增强其能量幅度。

人体辐射的红外线中心波长为 9～10 μm，而探测元件的波长灵敏度在 0.2～20 μm 范围内几乎稳定不变。传感器顶端开设有一个装有滤光片的窗口，这个滤光片可通过光的波长范围为 7～10 μm，正好适合于人体红外辐射的探测，而其他波长的红外线由滤光片予以吸收，这样便形成了一种专门用作探测人体辐射的红外传感器。

使用方法如下。

（1）长按设备的重置孔3秒，提示灯闪烁3次，恢复出厂设置。

（2）打开智能家居客户端。

（3）在多功能网关界面选择添加子设备。

（4）根据提示完成添加。

4. 无线开关

无线开关内置 ZigBee 无线芯片、按键模块、电池等，实物如图 5-6 所示。

图 5-6　无线开关实物图

使用方法如下。

（1）长按设备的重置孔3秒，提示灯闪烁3次，恢复出厂设置。

（2）打开智能家居客户端。

（3）在多功能网关界面选择添加子设备。

（4）根据提示完成添加。

5. 温湿度传感器

温湿度传感器内置 ZigBee 无线芯片、温湿度传感器模块、电池等，实物如图 5-7 所示。其中温湿度传感器模块温度检测精度可达 ± 0.3 ℃，湿度检测精度可达±3%。

图 5-7　温湿度传感器实物图

使用方法如下。

（1）打开智能家居客户端。

（2）在多功能网关界面选择添加子设备。

（3）根据 App 提示操作，直至网关语音提示"连接成功"。

5.1.4　实验内容设计

1．场景设计示例如下。

（1）回家之前，在外面用手机通过移动网络提前打开房间内的空调、热水器，并通过摄像头观察房间内的状态。

（2）回到家，打开房间门，触发门窗传感器，打开门灯，关闭摄像头。

（3）进入客厅，触发人体传感器，关闭门灯，打开客厅灯，打开电视。

（4）若感觉房间内温度较低，触发魔方控制器，关闭空调，客厅灯变冷光。

（5）若房间内温度较高，温湿度传感器发出提示，打开空调，客厅灯变暖光。

（6）进入卧室，触发无线开关，关闭客厅灯、空调。

2．利用提供的各种智能硬件，复现示例中的智能家居场景。

3．利用提供的各种智能硬件，发挥想象力，设计一个合理的智能家居场景及设备自动化过程。

其中，场景部分：必须用到手机的远程控制；自动化部分：除网关和路由器外，至少包括 6 个智能硬件（3 个输入装置，3 个输出装置），具体的输入输出装置见表 5-3 所示。

表 5-3　输入输出装置

序号	设备名称	输入装置	输出装置	通信模式
1	多功能网关	✓	✓	ZigBee/Wi-Fi
2	路由器	✓	✓	Wi-Fi
3	门窗传感器	✓		ZigBee
4	人体红外传感器	✓		ZigBee
5	无线开关	✓		ZigBee
6	温湿度传感器	✓		ZigBee
7	智能插座 1		✓	ZigBee
8	智能插座 2		✓	Wi-Fi
9	智能插座 3		✓	Wi-Fi
10	灯泡		✓	Wi-Fi
11	彩色灯泡		✓	Wi-Fi
12	摄像头		✓	Wi-Fi

5.2　智能家居系统虚拟设计

本节分为两部分，分别为智能家居系统虚拟体验实验及基于物元仿真平台和图形化组态仿真平台的智能家居系统虚拟设计实验。旨在使学生通过本节的学习，熟悉智能家居的虚拟设计过程，通过开源的仿真平台可以自主完成智能家居系统设计。

5.2.1 智能家居系统虚拟体验

1. 总体要求

利用美居 App 的"虚拟体验"功能，完成至少 3 种设备的虚拟体验，体验智能家居设备的功能及应用效果。美居 App 界面如图 5-8 所示。

图 5-8 美居 App 界面展示

2. 设计步骤举例

（1）设备名称：空调

（2）体验功能：如表 5-4 所示

表 5-4 体验功能清单

序号	功能	序号	功能	序号	功能
1	调整风速	5	防直吹功能	9	送风功能
2	调整温度	6	ECO 节能模式	10	自动功能
3	上下/左右摆风	7	抽湿功能	11	定时关机
4	开机设置	8	制热功能	12	关机

（3）体验功能展示

调整温度前如图 5-9 和图 5-10 所示。

图 5-9　调整温度前空调展示 1

图 5-10　调整温度前空调展示 2

调整温度后如图 5-11~图 5-14 所示。

图 5-11 调整温度后空调展示 1

图 5-12 调整温度后空调展示 2

图 5-13　调整温度后空调展示 3

图 5-14　调整温度后空调展示 4

自行设计其他两种设备，按照如上要求完成相关功能。

5.2.2 智能家居系统虚拟设计

设计要求：利用物元仿真平台设计传感器，新建项目，并将项目开启，产生传感器数据。在图形化组态仿真平台中设计智能家居组件，并将物元仿真平台中传感器的数据实时接入。最终在图形化组态仿真平台中展示所设计的智能家居系统。

1. 物元仿真平台

实验步骤如下。

（1）登录系统

打开浏览器，进入物元仿真平台，系统登录界面如图5-15所示。

图5-15　系统登录界面

输入账号密码（未注册用户需注册），点击【登录】，即可跳转至系统首页，如图5-16所示。

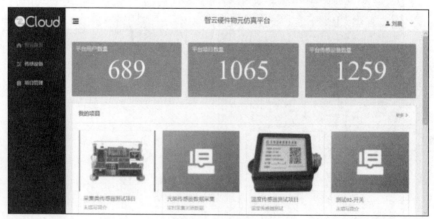

图5-16　系统首页

（2）新建传感设备

点击【传感设备】—【新建传感设备】进入传感器设计界面，如图5-17所示。

输入名称、编码和简介，点击【下一步】，如图5-18所示。

图 5-17　新建传感器

图 5-18　编辑传感器信息

进行 A0-A7 设置，这里我们测试的温度值数据类型是 number，函数类型是随机函数，函数设置 –50～50 ℃，勾选上报状态。

函数类型说明如下。

① 随机函数：随机函数是指在一定的范围内随机生成结果进行展示的函数，范围的设置在函数设置的两个输入框中填写，比如温度设置在–40～105 ℃。

② 自定义函数：函数设置里面会变成一个大的输入框，该输入框中需要自己填写一段 js 函数来设定我们的规则，默认参数可取 element、count（count 默认值是 1），里面的逻辑需要用户自定义。例如需要设置温度每 3 秒增加 1 ℃，当温度达到 100 ℃时自动返回 0 ℃，如此循环，函数设置方法如代码清单 5-1 所示。

代码清单 5-1　自定义函数程序

```
setInterval(function(){
    element.val = Number(element.val)+count;
    if(element.val==100){
        element.val=0
```

```
    }
}, 3000);
```

把以上自定义函数输入函数设置相应的文本框中，点击【保存修改】即可。

③ 文件数据：如果函数类型选择文件数据，函数设置中会出现一个【选取文件】的按钮，通过该按钮我们可以上传自己编写的函数文件，仅支持 txt 格式的文件，txt 文本的内容只能包含 js 函数。

A0-A7 的值设置好以后点击 D1 的选项卡进入到 D1 的设置页，这里我们用 D1 的 bit7 位测试 led 的控制，如图 5-19 所示。

图 5-19　编辑 D1 数据

信息填好后，点击操作按钮，添加图标，如图 5-20 所示。

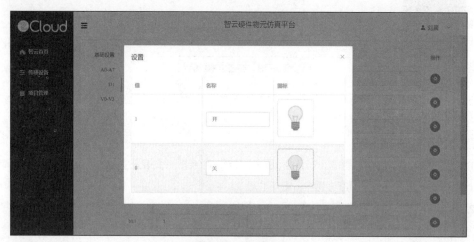

图 5-20　添加图标

添加好点击关闭，再点击【下一步】进入 V0 的设置（V0 代表 A0～A7 的上报时间间隔），这里默认 A0～A7 值的循环上报时间间隔是 30 s，也可以自己更改。如图所示 5-21 所示。

点击【立即创建】跳转到图 5-22 所示页面，就是刚刚新建的传感设备。

（3）项目设计

点击【项目管理】—【新建项目】至项目新建界面。填写相关必填信息，用户 ID 以及用户密钥由老师提供，如图 5-23 所示。

图 5-21　编辑 V0 数据

图 5-22　完成新建传感设备

图 5-23　新建项目

选择传感器列表下面的"综合传感器"，点击【到右边】，如图 5-24 所示。

图 5-24　选择传感器

点击【立即创建】，进入图 5-25 所示页面，就是我们刚刚新建的项目。

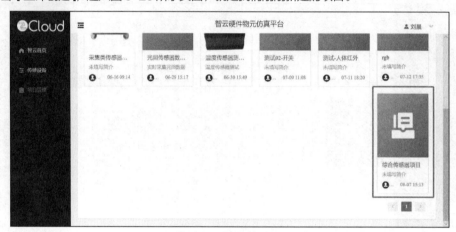

图 5-25　新建项目完成

点击此项目可以看到项目详情，如图 5-26 所示。

图 5-26　项目详情

（4）系统测试

在项目中，点击【启动】和【开启】按钮，如图5-27所示。

图5-27　开启项目

点击【网络拓扑】，如图5-28所示。

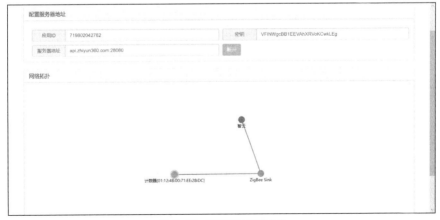

图5-28　进入网络拓扑图

链接成功后，可以看到网络拓扑图，如图5-29所示。

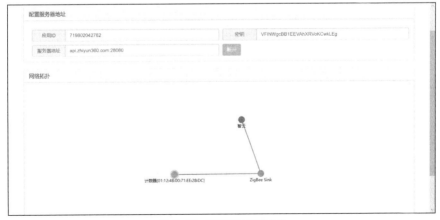

图5-29　网络拓扑链接成功

点击【实时数据】，链接成功后，下方从左到右依次显示传感器的名称、mac 地址、上报信息以及发送的时间，如图 5-30 所示。

图 5-30　网络拓扑详细信息

到此，从创建一个传感器到关联项目并展示实时数据以及拓扑图就完成了。

2. 图形化组态仿真平台

实验步骤如下。

（1）登录系统

打开浏览器进入组态系统，如图 5-31 所示。

图 5-31　登录组态系统

输入账号密码（未注册用户需注册），点击【登录】，即可跳转至系统首页，如图 5-32 所示。

（2）模板设计

点击【模板管理】—【用户模板】—【新建】，即可进入新建模板页面，如图 5-33 所示。

图 5-32　系统首页

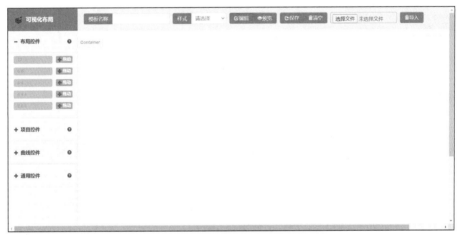

图 5-33　新建模板

左侧是菜单栏，右侧是显示栏，顶部是模板的属性编辑，首先需要拖入布局控件，然后才可以拖入
各个传感器控件到右边的显示栏中，如图 5-34 所示。

图 5-34　添加控件

每个传感器控件都可以编辑、移动和删除，如果想编辑标题名，点击编辑属性，修改名字即可，如图 5-35 所示，下面矩形框中部分是编辑后所改变的。

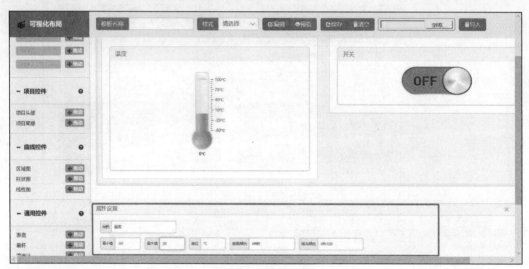

图 5-35　编辑控件信息

编辑完成后，输入模板名称保存即可。此时可在模板列表中找到刚刚保存成功的模板，如图 5-36 所示。

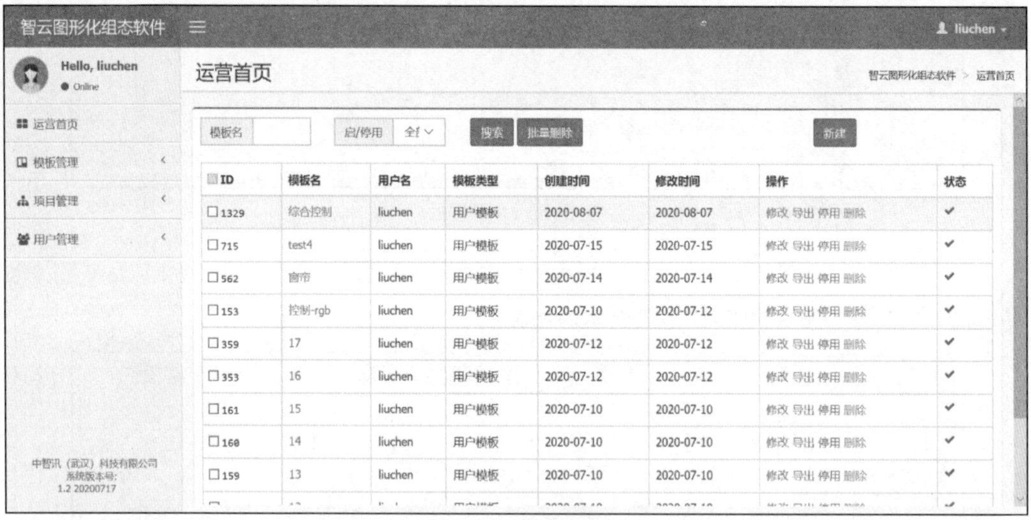

图 5-36　完成模板新建

（3）项目设计

点击【项目管理】—【新建项目】，填写项目名、选择模板类型，然后选择刚刚保存的项目模板，输入 ID 和 KEY，点击【保存】即可。如图 5-37 所示。

在项目列表中，可以找到刚刚保存的项目，如图 5-38 所示。

在项目列表中，点击"修改"，如图 5-39 所示。可以为每个传感器编辑 MAC 地址、通道和发送指令等，如图 5-40 所示。

图 5-37　编辑项目信息

图 5-38　项目列表

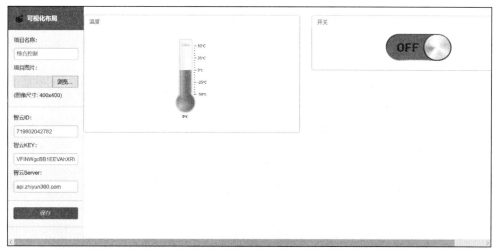

图 5-39　修改项目内容

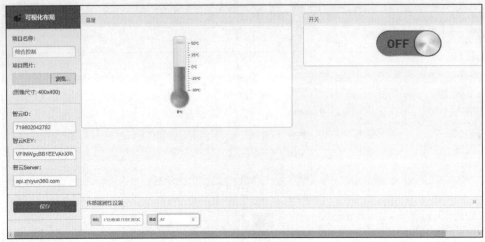

图5-40 编辑传感器信息

为每个传感器填写对应在物元仿真平台中的 MAC 地址和通道，如图5-41 所示。

图5-41 匹配 MAC 地址和通道

保存后，在项目列表中，点击项目名称，即可进入项目发布页面，可以查看传感器发送数据的情况。

（4）系统测试

自动开关空调：当传感器接收到手机 GPS 定位距离信息小于 1000 m 时，若温度传感器检测到的温度大于 23 ℃则自动开启空调，若温度小于 18 ℃则自动关闭空调。

自动开关加湿器：当传感器接收到手机 GPS 定位距离信息小于 1000 m 时，若湿度传感器检测到的湿度小于 40%则自动开启空调，若湿度大于 45%则自动关闭空调。

自动开门和灯：当传感器接收到手机 GPS 定位距离信息小于 20 m 时，自动开启大门及灯具。

陌生人接近报警：当传感器接收到手机 GPS 定位距离信息大于 1000 m 时，若门口的红外传感器检测到有人，则在手机端报警。

燃气（火焰）报警：若燃气（火焰）传感器检测到燃气（火焰），则在用户手机端报警。

光强（气压、空气质量）检测：检测相关数据并上传到用户手机端，以便用户实时了解家中情况。

3. 设计示例

（1）场景介绍

本示例主要以温度传感器、湿度传感器、继电器、灯具控制器、空调控制器为核心，以简易便捷、普适于大众生活为基本原则，主要对家中温度、湿度等基本数据进行采集和展示，对空调、灯具等基础设施进行远端操控，便于用户进行家居设备状态的调整与监控。

（2）设计流程图（如图 5-42 所示）

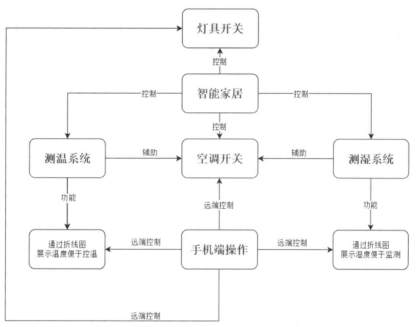

图 5-42　示例设计流程图

（3）场景展示

标准传感器如图 5-43 所示。

图 5-43　标准传感器

自定义传感器：自定义传感器功能较多，为后续开发提供了保障，如图 5-44 所示。

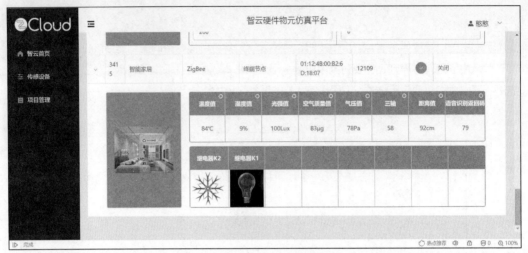

图 5-44　自定义传感器

智能家居总场景展示如图 5-45 所示。包括灯具开关、空调开关、测温系统、测湿系统等。

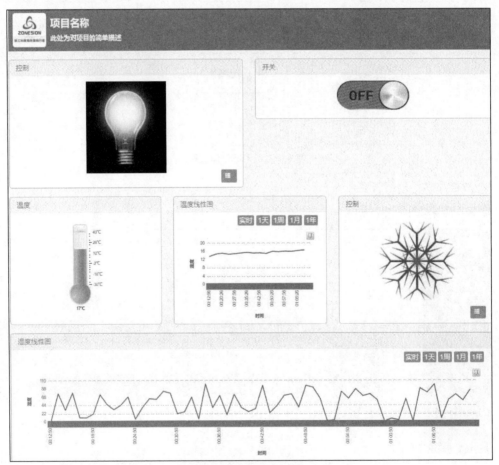

图 5-45　智能家居总场景

测温系统如图 5-46 所示。

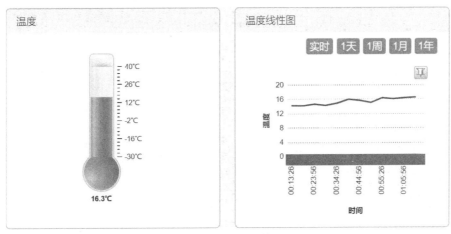

图 5-46　测温系统

湿度数据曲线如图 5-47 所示。

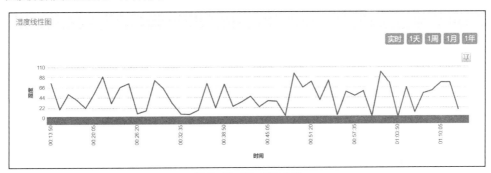

图 5-47　湿度数据曲线

PC 端拓扑图如图 5-48 所示。

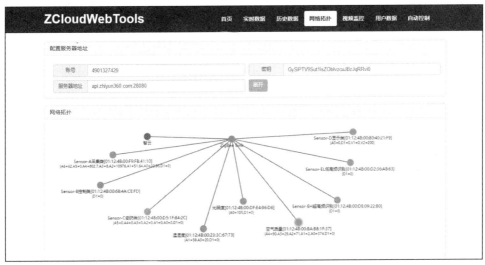

图 5-48　PC 端拓扑图

手机端拓扑图如图 5-49 所示。

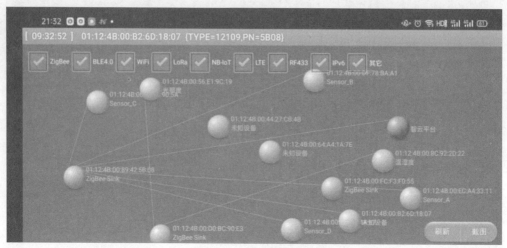

图 5-49　手机端拓扑图

5.3　实验扩展

5.3.1　智能电视盒子的应用

本节要求学生使用实验室提供的器材（包括计算机显示器、智能电视盒子、音箱、各种转换线）实现用计算机显示器看电视直播的过程，掌握智能电视的工作原理。同时思考如何在电视盒子上安装 App 并通过它观看文档文件等，锻炼学生的动手操作能力。实验要求如表 5-5 所示。

表 5-5　智能电视盒子实验要求

器材	电视盒子，计算机显示器，HDMI 转 VGA 转换器，小音箱等
内容	给电视盒子安装第三方软件（当贝市场或沙发管家）
软件	给电视盒子安装第三方软件的两种方法：投屏神器、U 盘安装
要求	（1）用电视盒子看 CCTV-1 直播；（2）用电视盒子播放一段摄像头所录视频

5.3.2　可穿戴设备与人体健康分析

本节要求学生基于提供的运动手环、智能人体秤等可穿戴设备，实现人体健康数据的采集与分析，了解蓝牙通信模式，掌握通过蓝牙进行无线通信的智能设备的使用方法，同时掌握可穿戴设备的数据采集过程与人体健康分析原理。实验要求如表 5-6 所示。

表 5-6　可穿戴设备与人体健康分析实验要求

器材	运动手环，智能人体秤等
内容	通过可穿戴设备实现人体健康数据的采集与分析
要求	（1）在电视盒子中下载"小米运动"App；（2）将"小米运动"App 中"我的"页面截图

5.4 创新思维训练

开放性环节将不再局限于智能家居，而是将智能医疗、智能车、智能停车场等多种智能环境均包含在内，并将各硬件模块的内部芯片与原理图开放给学生，让学生完成智能模块的设计与制作、手机 App 的编写、云服务器的搭建等方面的内容。计划开放学时数为 32 学时，在学时范围内实验室全天对学生开放，学生以分组的形式进行实验，共同完成智能医疗系统设计、智能车系统设计和智能城市环境系统设计。

5.4.1 智能医疗系统设计

智慧医疗可实现远程医疗和自助医疗，通过健康监测，包括心电、血压、血氧饱和度、呼吸、脉搏和体温等，达到多参数健康监护、医疗图像处理判断及远程医疗诊断等智慧医疗的整合。可以通过物联网技术实现医疗中心与家居病人之间的医疗自主诊断，同时还可以实现医生与病人之间的远程音视频诊疗。

具体内容如下。

（1）嵌入式操作系统：Android 4.0 及 Linux3.0。

（2）血压测量：采用腕式血压测量方式，能够测量收缩压、舒张压、脉率，适合于基于计算机的血压测量系统。

（3）心率测量：利用红外光感式传感器，检测手指末梢血管血容积变化，通过放大、信号调理、AD 电路将实时的心率数据传送到计算机。该传感器可广泛应用于各类基于计算机的心率实时采集系统。

（4）体温测量：采用红外感应式感温元件，通过放大电路、AD 采样等电路，将实时的体温数据传送到计算机，该传感器可应用于基于 PC 的体温采集系统，也可用于家居日常的体温测量。

（5）在 LCD（液晶显示器）上以曲线形式实时显示各种生理参数，并且能够完成截图。

（6）医疗检测传感器通过 ZigBee 网络连接到云服务器，与医疗中心和客户端进行互动。

（7）提供支持医疗中心的管理组件，支持对病人医疗数据库历史的查询，并设置消息提醒功能。

5.4.2 智能车系统设计

智能车设计部分，要求学生实现基于自动驾驶、远程控制等物联网技术的智能车系统，模拟小车在户外恶劣环境进行自动化作业等场景，整个系统包括三大单元：智能车远程驾驶系统、视频跟踪系统、GPS 轨迹跟踪系统。用户可以将系统接入物联网云服务中心，通过 Web 和手机进行智能化管理。

具体内容如下。

（1）智能车远程驾驶系统：采用四驱智能小车，能够实现对车辆上下左右等方向的行走控制，支持通过 Wi-Fi 和移动 4G 网络接入物联网云服务中心，实现远程控制驾驶的功能。

（2）视频跟踪系统：小车前端安装 Wi-Fi 摄像头，能够对视频数据进行在线实时传输，支持通过手机和 Web 进行图像的跟踪。

（3）GPS 轨迹跟踪系统：将小车行走的 GPS 数据实时上传到物联网云服务中心数据服务器，能够在地图中描绘行走轨迹。

5.4.3 智能城市环境系统设计

智能城市部分采用物联网云服务开放平台技术开发，能够通过多种终端设备远程对城市雾霾信息进行监控、跟踪及预警，同时能够对环境进行综合管理。系统采用 ZigBee 网络进行室内设备的无线组网，通过 Android 网关设备接入物联网云服务中心，用户可以通过 Web 和手机进行智能化管理。

（1）$PM_{1.0}$、$PM_{2.5}$、PM_{10}数据监测：采用高精度激光 PM 传感器，对城市环境数据进行实时有效采集。

（2）视频监控系统：能够定期采用图像进行有效展示，与数据曲线进行样本对比。

（3）雾霾预警系统：对雾霾大数据进行实时智能分析，提前进行预警及预测。

（4）整个系统开放源代码，提供给学生进行二次开发所要用到的接口。

第6章
通用计算机系统实践

06

本章内容概述

本章首先从一套完整的计算机硬件系统入手，让学生学习计算机硬件系统的组成，掌握计算机各外设与部件的拆卸方法；同时通过主机各个部件的拆解，使学生掌握主机的组成，了解每个部件的外观特征。然后，按照安全、规范、有序的原则，详细描述了 CPU 及风扇、内存、硬盘、主板、电源、显卡的安装步骤和注意事项。最后，介绍如何进入和设置主板的 BIOS、如何制作 U 盘启动盘、如何安装 Windows系统和 Linux 系统。本章图文并茂，使读者能更直观地认识通用计算机系统的硬件组成及各硬件的特征，掌握操作系统的安装方法。

本章知识点

- 计算机硬件系统拆装的注意事项
- 计算机硬件系统拆卸步骤
- 安装计算机机箱内配件的准备工作和安装步骤
- CPU、内存、硬盘、主板、电源、显卡的安装
- BIOS 的设置
- U 盘启动盘的制作及操作系统（Windows 和 Linux）的安装

6.1 计算机硬件系统的拆卸与组装

通过课程内容的预习，我们已经认识和了解了组成计算机的各个硬件设备，本节将介绍如何拆卸这些硬件，以及如何将这些硬件组装在一起构成一台完整的计算机。

1. 注意事项

在对计算机硬件进行拆装时，要注意做好以下工作。

（1）切断电源

在对计算机的硬件进行拆装之前，一定要切断电源，千万不能带电操作。拆卸时先拆去外围设备，如 AC 适配器、电源线、外接电池，PC 卡及其他电缆。

（2）防止静电

计算机硬件是高度集成的元件，我们穿着的衣物互相摩擦很容易产生静电，这些静电有可能将集成电路内部击穿造成器件损坏，因此拆装前最好先释放自身的静电，如身体接触金属物体或用水洗手。

（3）小心谨慎拿放器件

在拆装过程中对所有的器件都要做到轻拿轻放，应避免手指接触到电路板上的集成电路，最好戴上专业手套，只接触电路板的边缘，不要弯曲电路板。一定要避免器件从高处掉落。

（4）正确安装

注意各种防插反设计，不可粗暴强行安装，稍有不慎就可能使引脚变形或折断。对于安装不到位的器件不要强行使用螺丝固定。固定螺丝时，要做到适可而止，不要用力过猛。

2. 准备工具

在拆装过程中，需要用到下列工具。

防静电软垫：防止静电，保护器件，保持整洁。

分类收纳盘：将螺丝等小配件分类收纳。

螺丝刀：主要是十字螺丝刀和一字螺丝刀两类，有时也会用到内六角螺丝刀。

尖嘴钳：用来拆卸各种挡板或挡片。

镊子：用来夹取各种跳线、小螺丝和其他细小的配件。

6.1.1　计算机硬件拆卸

1. 计算机外部器件拆卸

（1）确认计算机处于关闭状态，断开主机电源插头和显示器电源插头。

（2）拆卸 USB 插头类的设备，这类设备通常包括键盘、鼠标、摄像头和打印机等，如图 6-1 所示。

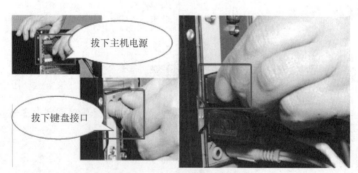

图 6-1　计算机外部器件拆卸 1

（3）拆卸网线，网线接口通常被称为水晶头，在其一侧有个小卡子。拿住水晶头，一个手指按下卡子，即可将网线取下。

（4）拆卸音箱，捏住插头部分，轻轻用力即可将音箱线拔出，如图 6-2 所示。

（5）拆卸显示器信号线插头，拧松显示器信号线插头主机侧的两颗螺丝，握住显示器信号线插头，稍用力往外拔，即可将显示器信号线取下，如图 6-3 所示。

图 6-2　计算机外部器件拆卸 2　　　　　　图 6-3　计算机外部器件拆卸 3

2. 计算机内部器件拆卸

（1）如图 6-4 所示，首先拔下主板和 CPU 电源插头。注意在拔下电源插头时应该按住电源插头上的卡子。

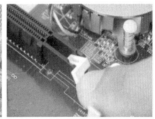

图 6-4　计算机内部器件拆卸

（2）拆卸内存条、显卡和其他板卡。释放掉身上的静电，扳开内存条两边的卡子，将内存条取出。用螺丝刀卸下显卡与机箱交合处的螺丝钉，扳开显卡插槽的卡子。

（3）拆卸主板。先拔下连接在主板上的各信号线，拔下时要注意记住各信号线的插接位置，留意信号线上的标识，以及主板信号线插孔的标识，最好能记在本子上，避免安装时出错。然后用螺丝刀卸下主板固定螺丝钉，之后将主板轻轻向后拉出，再向上提起即可，如图 6-5 所示。

图 6-5　拆卸主板

注意：拆卸时要绝对细心，拆卸部件时要仔细观察并明确拆装顺序和安装部位，必要时记在本子上或拍照。

6.1.2 安装计算机机箱内配件

1. 准备工作

（1）准备材料和环境

① 电源插座：由于计算机系统需要向显示器、主机、音箱等设备供电，所以要准备一个多功能的电源插座。

② 器皿：在安装计算机的过程中有许多螺丝钉及一些小零件需要随时取用，所以要有一个小器皿用来盛装，以防丢失。

③ 工作台：工作台可以是一张宽大且高度合适的桌子，并要放置在比较干净的环境中。

（2）准备其他工具

十字螺丝刀、一字螺丝刀，有时也会用到内六角螺丝刀和适量硅脂。

（3）清点并认识各部件

在装机之前，应当仔细辨认所购买的产品，检查其品牌、规格和计划购买的是否一致，说明书、防伪标识是否齐全，各种连线是否配套等，装机后再测试检验。

（4）注意事项

在组装计算机时，要遵守操作规程，并注意以下事项。

① 防止静电。在安装之前需要先洗手并擦干，接触接地的金属以释放身体上的静电，最好戴上专业手套。别小看这一步的重要性，CPU 这类精密硬件非常怕静电的破坏。冬天装机时尽量不要穿毛衣。

② 防止液体进入。在装机时要严禁液体进入计算机内部的硬件上，因为这些液体会造成短路而损坏元器件。

（5）计算机组装步骤

组装计算机前最好事先制订一个组装流程，使自己明确每步的工作，从而提高组装的效率。组装一台计算机的流程不是唯一的，图6-6 所示为常见的组装步骤。

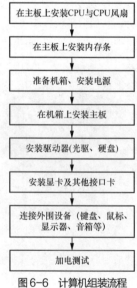

图6-6 计算机组装流程

2. 组装

（1）安装 CPU

组装的第一步是把 CPU 及 CPU 散热器都固定在主板上，如果散热器的体积比较大，就要考虑最后安装。需要注意的是 CPU 只有一个正确的安装方向，因为有防呆设计，如图 6-7 所示。

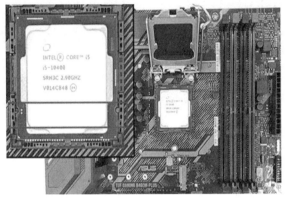

图 6-7　安装 CPU

压盖被打开后，不要着急安装 CPU，要检查一下是否有针脚倒下的情况。CPU 两边有两个缺口，对应的插座位置有两个凸起结构，对应好位置之后就可以把 CPU 安装在插座上了。然后盖上铁盖，用力压下铁盖，CPU 就安装完成了。

不同系列的主板安装 CPU 虽然针脚数不一样，但安装过程是类似的。

（2）安装内存条

内存条有正反方向，一般情况下如果方向反了是插不进去的，因此安装内存不需要用很大的力气，如果感觉插不进去就有可能是插反了，若用力过猛强行插进去就会弄坏主板的插槽。为了防止反插的情况出现，内存条上面设计有一个豁口，这个豁口并不是在中间位置，因此如果插反了，豁口无法对上，也就无法安装。

在安装内存条之前，先看看主板支持哪些内存、可以安装的内存插槽位置及可安装的最大容量。不同内存条，其安装过程是大同小异的，这里主要以早期的 SDRAM 内存条为例进行说明。

步骤一：首先将内存插槽两侧的卡子（通常也称为"保险栓"）往外侧扳动，使内存条能够插入，如图 6-8 所示。

将保险栓往外侧扳动

图 6-8　安装内存条

步骤二：拿起内存条，将内存条上的豁口对准内存插槽内的凸起，如图 6-9 所示。

将内存条上的豁口对准内存插槽内的凸起

图6-9　将内存条与插槽对准

步骤三：稍用力，将内存条插入内存插槽并压紧，直到内存插槽两头的保险栓自动卡住内存条两侧的缺口。

DDR2 内存、DDR3 内存的安装方法与此类似，不再赘述。

（3）M.2 固态硬盘安装

找到电脑的硬盘接口，注意电脑主板接口类型（B KEY 或 M KEY），以及支持的硬盘长度，如图 6-10 所示。

注意主板支持哪一种接口类型

图6-10　安装 M.2 固态硬盘 1

将所支持的 M.2 固态硬盘接口对齐主板插槽，如图 6-11 所示，小心地插入固态硬盘，以免损坏针脚，注意不要插反。

把固态硬盘与主板接口对齐插入

图6-11　安装 M.2 固态硬盘 2

将固态硬盘插入后，找到主板自带的螺丝，开始固定固态硬盘。

螺丝拧好后，M.2 固态硬盘即安装完成。

（4）CPU 散热器的安装

下面以 Intel LGA 1366/115X/775 结构的 CPU 风扇为例，讲述 CPU 散热器的安装。

把风扇的四个底脚对准主板上的四个 CPU 风扇固定孔，如图 6-12 所示，再把 CPU 风扇底脚按压下去。

注意： 不要在没有对准固定孔的时候就按压，这样会压坏 CPU 风扇底脚。

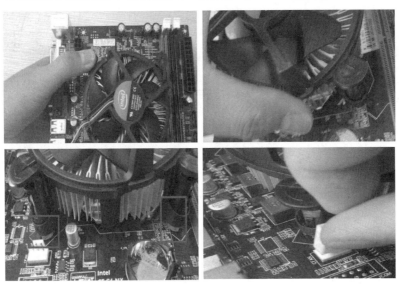

图 6-12　安装 CPU 风扇

CPU 风扇底脚完全进入主板固定孔后，把风扇上的四个底脚的卡子也压下去。

注意： 要对角压卡子。

风扇固定卡子都压下去后再检查一下风扇的四个底脚是否完全贴在主板上。最后接上 CPU 风扇电源。需要注意主板上有几个风扇电源接口，要接在标注有 CFNA 或 CPU_FAN 的接口上。

（5）主板的安装

步骤一：打开机箱的外壳，如图 6-13 所示。机箱中附带有螺丝及其他附件，这些在安装过程中都可能会用到。带有板载声卡的主板会比没有板载声卡的主板多出一个游戏控制杆 MIDI 接口及三个音频接口。一般来说，机箱背部的 I/O 挡板中预留的这两个部位是没有开启的，所以在安装这类主板之前，必须先去除这些接口上的铁片。

图 6-13　安装主板 1

步骤二：先试着将主板的 I/O 接口（COM 接口、键盘接口、鼠标接口等）一端对应机箱后部的 I/O 挡板，再将主板与机箱上的螺丝孔一一对准，看看机箱上哪些螺丝孔需要栓上螺丝。我们可以发现每一块主板四周的边缘上都有螺丝固定孔，这就是用于固定主板的，你可以根据具体的位置来确定上螺丝的数量。

步骤三：把机箱附带的金属螺母柱或塑料钉旋入主板和机箱对应的机箱底板上，然后用钳子进行加固，如图 6-14 所示。

图 6-14　安装主板 2

步骤四：将主板轻轻地放入机箱中，并检查一下金属螺母柱或塑料钉是否与主板的定位孔相对应，如图 6-15 所示。

图 6-15　安装主板 3

步骤五：如果均已一一对应，则将金属螺丝套上纸质绝缘垫圈，再用螺丝刀将其旋入金属螺母柱内。

（6）电源的安装

将电脑主机平放，用螺丝刀把主机后侧上方用来固定电源的四颗螺丝拧下，如图 6-16 所示。

图 6-16　安装电源

把电源的主体从后向前轻轻地推入主机内的电源卡位上。

电源放入机箱后，依次拧上刚才卸下来的四颗螺丝。

拧好螺丝之后，把各电源线接好，这样电脑的电源就安装完成了。

（7）SATA 硬盘的安装

机械硬盘的安装方法十分简单，其共有两个接口，分别是 SATA 数据传输接口和 SATA 供电接口，都需要接上，缺一不可。而 SATA 接口的固态硬盘与传统的机械硬盘的接口完全一致，所以接线方法也是相同的。

由于每个机箱的设计不同，所以固定硬盘的位置或者安装方式会有不同。图 6-17 所示的机箱中，打开机箱侧板（背板），机箱的硬盘位采用了抽拉式设计，将支架两边的卡扣向内摁一下就可以取出来了，免螺丝设计是比较方便的；但有些机箱的设计不同，需要用螺丝固定硬盘。

图 6-17　安装 SATA 硬盘 1

找到电源上的 SATA 供电接口（L 型），如图 6-18 所示。

 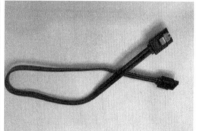

图 6-18　安装 SATA 硬盘 2

将硬盘安装到硬盘支架中，并将 SATA 数据线和 SATA 供电接口分别插到机械硬盘对应的接口上，接口都有防呆设计，所以不必担心插错的情况。成功安装后如图 6-19 所示，再将已经安装好支架的机械硬盘推到硬盘仓位里。

图 6-19　安装 SATA 硬盘 3

将连接机械硬盘的 SATA 数据线另一头的接口插到主板上的 SATA 插座上，例如 SATA6G_1。再将 SATA 数据线的另一头插到主板的 SATA 插座上，硬盘便已完成物理安装（如图 6-20 所示）。

图 6-20　安装 SATA 硬盘 4

主板上的 SATA 插座那么多，到底插哪一个呢？一般来讲，SATA 插座都是按序号排的，例如 SATA6G_1、SATA6G_2、SATA6G_3、SATA6G_4 等，理论上安装到哪个插座上都可以，但是 SATA 接口位置存在优先级问题，数字越小优先级越高。如果有一个 SATA 固态硬盘和一个 SATA 机械硬盘，SATA 固态硬盘优先级应高于 SATA 机械硬盘，这样电脑开机默认硬盘是 SATA 固态硬盘，而不是机械硬盘。如果安装时机械硬盘优先级高于固态硬盘，那么开机默认硬盘就是机械硬盘，若操作系统存放在固态硬盘，则会导致无法正常进入操作系统。当然，我们可以在主板 BIOS 中设置启动顺序来解决这个问题，但会比较烦琐。

（8）接驳线缆

如图 6-21 所示，机箱中往往都会配置 POWER SW（开关）、POWER LED（电源灯）、RESET SW（重启）、USB，以及 HD AUDIO 高保真音频线材。POWER SW 和 RESET SW 这两条接线是最为重要的，它们负责电脑的开关和重启。当然如果要使用机箱前面板 I/O 区的 USB，以及音频接口，那么连接 USB 和音频接口的线也是必要的。

图 6-21　接驳线缆

（9）显卡的安装

目前大部分主板都有集成显卡，基本上能满足日常使用。在有特殊需求的情况下，才需要安装独立显卡。要安装独立显卡首先要确保机箱尺寸能装得下，尤其是装高端大显卡的时候，显卡尺寸比较大，有些小机箱会装不下。

要检查电源的功率是否足够（比如电源功率为 400 W 就带不动功率为 250 W 的显卡），有没有配对的接口。

显卡的安装如图 6-22 和图 6-23 所示。首先，确定想把显卡装在主板上的哪个位置，一般是插进主板上第一个 PCI-EX16 插槽里，也就是离 CPU 最近的那个 PCI-EX16 插槽，以保证显卡全速运行，这也是主板扩展槽区域最长的接口。

图 6-22　安装显卡 1

在大多数机箱里，未使用的扩展槽都有挡板遮挡，需拧下螺丝，取下显卡插槽对应的挡板。

图 6-23　安装显卡 2

接着，将显卡下端的针脚对准卡槽，此时建议拿着显卡散热器。如果是有背板的显卡则可直接拿着显卡；对于没有背板的显卡，则应避免接触显卡背面电路板底部的敏感触点和电路。

显卡接口有防呆设计，因此不必担心插反。正确插下显卡后，从显卡两边稳稳地将其压下，然后用螺丝把它固定到机箱上。接着，找到连着电源的 PCI-E 线并将电源线插到显卡上。

另外，要规划好走线，尽量使用机箱上的理线孔。注意对机箱内的各种线缆进行简单整理，以提供良好的散热空间。最后，盖上机箱盖。

（10）连接显示器信号线

将显示器的信号线连接到视频接口。Intel 平台的大部分主板和 CPU 都集成有显卡，将信号线接到主板上的视频接口。安装了独立显卡的计算机，视频线一定要接到独立显卡上，因为此时图形处理由独

107

立显卡完成，集成显卡的视频接口没有输出信号，若把视频线接到集成显卡的视频接口上，就会无显示。

最后，连接上键盘和鼠标等外部设备，一台计算机就组装完成了。

接下来可以通电测试。打开显示器和计算机主机电源开关，当听到"嘀"的一声后，显示器出现自检画面，表示计算机硬件组装成功。

6.2 计算机操作系统的安装

在安装操作系统之前，一般都需要进行 BIOS 设置，以调整计算机开机引导顺序。BIOS 是被固化到主板 ROM 芯片中的一段程序，为计算机提供最底层的、最直接的硬件设置和控制，在计算机系统中起着非常重要的作用。通过对 BIOS 进行设置，可以关闭或启用某个硬件设备的功能，可以调整开机引导程序。在基本的 BIOS 设置完成之后，接下来就是安装操作系统。在安装操作系统之前，要能够正确地区分和选择相应的系统版本，还要选择合适的安装方法。如果计算机是首次安装操作系统，那么在安装之前，还必须对硬盘进行分区和格式化。本节就将向读者介绍这些步骤和方法。

6.2.1 BIOS 设置

BIOS 于 1975 年第一次在 CP/M 操作系统中出现。它是英文"Basic Input Output System"的缩略词，译成中文就是"基本输入输出系统"，是个人电脑启动时加载的第一个程序。

其实，BIOS 是一组固化到计算机主板上一个 ROM 芯片上的程序，它保存着计算机最重要的基本输入输出程序、开机后自检程序和系统自启动程序，可从 CMOS 中读写系统设置的具体信息。

1. BIOS 的作用与特点

（1）BIOS 的作用

BIOS 是计算机中最基础、最重要的程序，是计算机硬件与软件的桥梁。实际上像硬盘、显卡等硬件设备都有自己的 BIOS，但通常所说的 BIOS 都指的是主板上的 BIOS 程序。主板 BIOS 是计算机系统正常运转的基础。BIOS 的设置是否合理，在很大程度上决定着主板甚至整台计算机的性能。

BIOS 之所以这么重要，是因为计算机启动后首先运行的就是 BIOS，将有一个对内部各个设备进行检查的过程，这是由一个通常被称为 POST（Power On Self Test，上电自检）的程序来完成的。这也是 BIOS 的一个功能。完整的 POST 自检包括 CPU、640KB 基本内存、1MB 以上的扩展内存、ROM、主板、CMOS 存储器、串并口、显卡、软硬盘子系统及键盘测试。在自检中若发现问题，系统将给出提示信息或鸣笛警告。

在完成 POST 自检后，ROM BIOS 将按照系统 CMOS 设置中的启动顺序搜寻软硬盘驱动器及CDROM、网络服务器等有效的启动驱动器，读入操作系统引导记录，然后将系统控制权交给引导记录，由引导记录完成系统的启动。

（2）BIOS 与 CMOS

BIOS 程序必须存放在一个存储介质里，在主板上用来存放 BIOS 程序的是一块 ROM 芯片，称为BIOS 芯片，如图 6-24 所示。

图6-24　BIOS 芯片

一般来说，存放在 BIOS 芯片中的 BIOS 程序只允许读取而不能被改写，从而起到对 BIOS 程序的保护作用。但目前大多数主板上的 BIOS 芯片都是 FLASH ROM，通过专用的软件可以对其重写，以适应现代计算机硬件更新换代的速度。对 BIOS 重写具有一定的风险，不建议一般用户随意重写。因为一旦重写失败，BIOS 程序就有可能受到破坏，计算机就会无法启动。

计算机硬件部件配置信息是放在一块可读写的 CMOS RAM 芯片中的，不接电时，通过一块后备电池向 CMOS 供电以存储其中的信息。如果 CMOS 中关于计算机的配置信息不正确，会导致不能开机、时间不准、零部件不能识别等情况，并由此引发一系列的软硬件故障。在 BIOS ROM 芯片中装有一个"系统设置程序"，用来设置 BIOS 中的参数，并将这些设置保存在 COMS 中。

计算机中存在的两个与 BIOS 相关的芯片，对比如下。

BIOS 芯片是一个只读存储器 ROM，里面存放着 BIOS 程序，需要通过专门的软件才可以改写升级。BIOS 芯片存在于主板上。

CMOS 芯片是一个随机存储器 RAM，里面存放着 BIOS 的设置参数，可以随时进行调整设置。CMOS 芯片集成于主板的南桥芯片中。

2. 设置 BIOS 参数

通过对 BIOS 进行设置，可以实现控制计算机的开机引导顺序，以及禁用或启用某些硬件设备的目的。对 BIOS 进行设置，实质上就是改变存储在 CMOS（RAM）芯片上的数据，只能在计算机启动时，通过某些按键或按键组合（不同品牌的计算机有不同的定义）来调用 BIOS 的设置程序，进入 BIOS 设置界面。

（1）进入 BIOS 设置界面的方法

BIOS 的功能是对硬件信息进行保存设置，不同品牌的计算机，设置 BIOS 的方法大同小异，进入 BIOS 界面的按键一般有 Del、Esc、F1、F2、F8、F9、F10、F11、F12。

进入计算机系统桌面前一般都会有八步画面，如图 6-25 所示，这是老式计算机的一般模式类型。有的计算机关闭了登录窗口与系统选择界面，不会完全显示这八个画面，现在很多新式计算机，尤其是笔记本计算机也并不一定有这八步画面，为了兼容老式计算机，本书依然以这八步为例来讲述进入 BIOS 界面的步骤。

显卡信息（1）→Logo 画面（2）→BIOS 版本信息（3）→硬件配置信息（4）→系统选项（5）→Windows 登录界面（6）→Windows 加载（7）→欢迎界面（8）

八个画面解释说明如下。

图 1，显卡的版本信息。

图6-25 八步画面

图 2，Logo 画面，出现本图时是进入 BIOS 的时间点，如果此时没有进入，后面就没机会再进入 BIOS 了。需要提示如下两点：

① 很多人的计算机 BIOS 是没有设置密码的，可以直接进入，如果有密码，就需要先输入密码才能进入。

② 若 COMS 信息丢失，没有了 COMS 配置信息，就不会进入第三个画面，而是进入配置错误提示画面。

图 3，显示 BIOS 的版本信息等。

图 4，显示硬件配置信息。

图 5，在这里选择你要启动的操作系统。

图 6，如果设置了用户账户和密码，就要先进行登录。

图 7，加载 Windows。

图 8，欢迎画面是进入桌面前的最后一个画面。

有 4 种进入 BIOS 的常见方法，如图 6-26 所示，下面介绍这些方法。

图6-26 4种常见的进入 BIOS 的方法

① 第 1 种常见的方法为按 Del 键进入 BIOS（台式机）。按 Del 键进入 BIOS 的计算机主要以 AWARD BIOS 类型 AMI BIOS 为主，90%以上的计算机都是按 Del 键进入 BIOS。

② 第 2 种常见的方法为按 Esc 键进入 BIOS。按 Esc 键进入 BIOS 的计算机主要以 AMI BIOS 类型和 MR BIOS 为主。

③ 第 3 种常见的方法为按 F2 键进入 BIOS。

④ 第 4 种常见的方法为按 F1 键进入 BIOS。

还有 4 种进入 BIOS 的特殊方法，如图 6-27 所示。

图 6-27　4 种进入 BIOS 的特殊方法

① 第 1 种特殊进入方法为按 F10 键进入 BIOS。

② 第 2 种特殊进入方法如新的索尼笔记本计算机，必须先按 ASSIST 键，这个键在键盘的最上方。进入之后还会进入另一个 VAIO Care 页面。

③ 第 3 种特殊进入方法是联想笔记本计算机，必须先按 NOVO 键。

④ 第 4 种特殊进入方法是老式 Thinkpad 笔记本计算机，连续按两次 Ent 键进入 BIOS。

最后，介绍一些品牌电脑按热键就能进入 BIOS 的方法。

AWARD BIOS：开机按 Ctrl + Alt + Esc 组合键。

AST BIOS：开机按 Ctrl + Alt + Esc 组合键。

Phoenix BIOS：开机按 Ctrl + Alt + S 组合键。

本书不能详尽所有品牌计算机 BIOS 的热键进入方法，其他进入方法需要读者自己尝试。

（2）BIOS 设置界面

① 传统 AWARD BIOS 设置界面如图 6-28 所示。

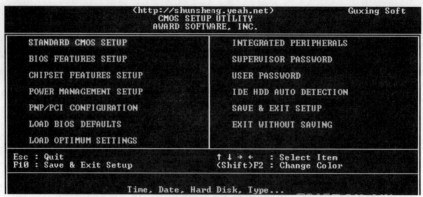

图 6-28　AWARD BIOS 设置界面

STANDARD CMOS SETUP（标准 CMOS 设定）：用来设定日期、时间、软硬盘规格、工作类型及显示器类型。

BIOS FEATURES SETUP（BIOS 功能设定）：用来设定 BIOS 的特殊功能，如病毒警告、开机磁盘优先程序等。

CHIPSET FEATURES SETUP（芯片组特性设定）：用来设定 CPU 工作相关参数。

POWER MANAGEMENT SETUP（省电功能设定）：用来设定 CPU、硬盘、显示器等设备的省电功能。

PNP/PCI CONFIGURATION（即插即用设备与 PCI 组态设定）：用来设置 ISA 和其他即插即用设备的中断，以及其他参数。

LOAD BIOS DEFAULTS（载入 BIOS 预设值）：此选项用来载入 BIOS 初始设置值。

LOAD OPTIMUM SETTINGS（载入主板 BIOS 出厂设置）：这是 BIOS 的最基本设置，用来确定故障范围。

INTEGRATED PERIPHERALS（内建整合设备周边设定）：主板整合设备设定。

SUPERVISOR PASSWORD（超级用户密码）：设置进入 BIOS 的密码。

USER PASSWORD（用户密码）：设置开机密码。

IDE HDD AUTO DETECTION（自动检测 IDE 硬盘类型）：用来自动检测硬盘容量、类型。

SAVE&EXIT SETUP（存储并退出设置）：保存已经更改的设置并退出 BIOS 设置。

EXIT WITHOUT SAVING（沿用原有设置并退出 BIOS 设置）：不保存已经修改的设置，并退出设置。

② 传统 AMI BIOS 设置界面如图 6-29 和图 6-30 所示。

Main（标准设置）：此菜单可对基本的系统配置进行设定，如时间、日期等。

Advanced（进阶设置）：BIOS 的核心设置，建议新手不要盲目设置，其直接关系系统的稳定和硬件的安全，适合高级用户设置。

Power（电源管理设置）：此菜单可对电源相关参数进行设定。

Boot（启动管理设置）：此菜单可更改系统启动装置和相关设置。

Exit（退出 BIOS）：此菜单可进行保存设置、调出出厂设置等操作。

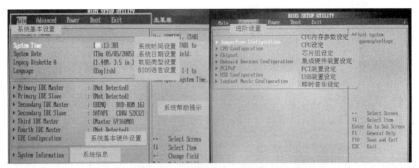

图 6-29 Main（标准设置）、Advanced（进阶设置）

图 6-30 Power（电源管理设置）、Boot（启动管理设置）、Exit（退出 BIOS）

③ 目前的新主板都配置了图形化的支持鼠标操作的 BIOS 程序，如图 6-31 所示。

图 6-31 图形化界面、BIOS 快捷键

113

如果你不知道自己应该如何设置 BIOS 页面，也可以选择最佳化默认设置，BIOS 会根据你当前的处理器等设备进行自动设置，默认的预设可以适应绝大部分使用情况，如图 6-32 所示。

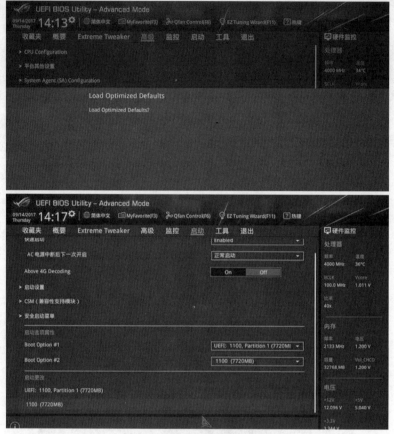

图 6-32　最佳化默认设置、引导

安装系统的时候主要需要设置的就是引导顺序，比如需要设置从 U 盘或某个硬盘启动，一般 BIOS 中都会有一个专门的选项卡来进行设置，图 6-33 所示的"启动"页面，有的主板也会写作"引导"或者"BOOT"。

图 6-33　引导顺序选择与高级设置

图 6-33　引导顺序选择与高级设置（续）

在 BIOS 中设置开机启动项

启动项在所有的 BIOS 设置项中最重要也最常用，用来设置开机引导顺序。设置开机引导顺序是指计算机开机时，按照怎样的顺序去读取存储在各个存储器里的引导程序来启动系统。这里的存储器通常指的是硬盘、U 盘、光盘等。由于计算机技术的日新月异，已经出现了 UEFI（Unified Extensible Firmware Interface，统一可扩展固件接口），它是传统（Legacy，已停产）BIOS 的替代者。而在新老技术的过渡期，BIOS 的启动项中会有 UEFI 与 Legacy 两种模式。

在这里选择引导方式，即可设置 BIOS 的行为，如果你选择了"仅 UEFI"方式，则再开机时所有的 Legacy 引导设备都不会被 BIOS 识别出来。

此外，"从网络设备启动"一般为网吧创建无盘系统时使用。"从存储设备启动"（这里翻译不够准确，应该是"从移动存储设备启动"，目前通用的是 USB 设备）指从 U 盘安装系统或者进入 U 盘 PE 系统，或 PCI-E 扩展设备，抑或从 PCI 总线启动。

在高级设置里面可以对主板上的硬件进行底层的设置，规定其运行状态等，一般情况下不需要更改其中的设置，如图 6-34 所示。

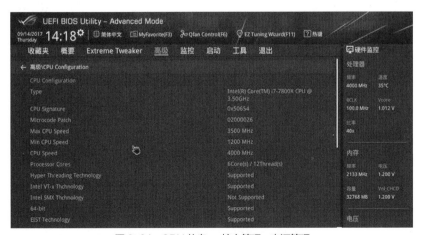

图 6-34　CPU 信息、核心管理、电源管理

图6-34 CPU信息、核心管理、电源管理（续）

如图6-34所示，"高级CPU Configuration"中显示了CPU的基本信息。

往下拉进度条可以看到包括超线程技术的开关、核心管理、电源管理等项。

如图6-35所示，硬盘SMART信息会显示目前连接在主板上的硬盘设备，可以在这里检查硬盘是否被识别，以便排查系统故障。

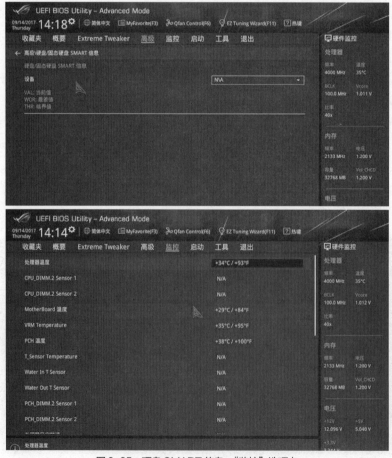

图6-35 硬盘SMART信息、"监控"选项卡

"监控"选项卡下列出的是各种传感器提供的数据，其中主要包括散热风扇转速及硬件温度等信息。很多用户在安装了 CPU 水冷散热器之后 CPU_FAN 接口都会空出，这样就导致了 BIOS 不能检测到 CPU 散热器转速，致使保护机制启动，无法开机。这种情况下可以在"监控"选项卡中找到"处理器风扇转速"项（如图 6-36 所示），将其设置为忽略，保存重启之后就可以正常进入系统了。

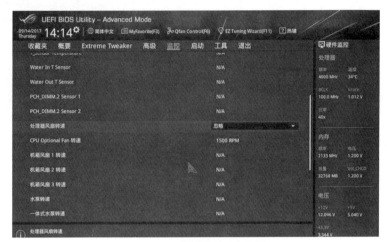

图 6-36　"监控"选项卡设置

6.2.2　操作系统的安装

在基本掌握 BIOS 的设置方法之后，就可以安装计算机操作系统了。在安装之前，要正确区分和选择操作系统版本，选择合适的安装方法。如果计算机是第一次安装操作系统，那么在安装之前，还需要对硬盘进行分区和格式化。

1. 硬盘的分区与格式化

在对硬盘进行分区之前应先规划好分区方案，另外还要确定每个分区所采用的文件系统。对硬盘进行分区和格式化操作，会使硬盘中原有的数据全部丢失，所以一定要慎重，以免造成重要数据丢失。

2. 安装 Windows 10 操作系统

操作步骤如下。

（1）准备一个容量大于 16 GB 的 U 盘。

（2）下载 Windows 10 操作系统安装包和需要用到的软件，建议将下载的所有文件放到一个文件夹里面，方便查找。

在 DiskGenius 官方网站下载磁盘分区工具，网站界面如图 6-37 所示。

选择 64 位版本点击【立即下载】，下载完成后会得到一个压缩包，解压之后得到一个文件夹，如图 6-38 所示。

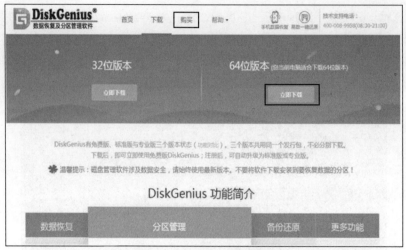

图6-37　磁盘分区工具下载页面

DG521941_x64.zip	2020/6/15 18:08	ZIP 压缩文件	33,762 KB
DiskGenius	2020/6/15 18:08	文件夹	

图6-38　Disk Genius 解压

（3）在 U 盘里制作 PE 便携式系统。这一步会把 U 盘里的数据清空，如 U 盘里有重要数据请提前备份。解压下载好的优启通压缩包，得到一个 EasyU 文件夹，打开该文件夹，双击 EasyU_v3.5.exe，如图6-39 所示。

EasyU_3.5.2019.0828.7z	2019/10/3 18:18	7Z 压缩文件
EasyU_3.5.2019.0828	2019/9/18 21:22	文件夹
Data	2019/7/20 10:50	文件夹
PE	2019/9/20 13:25	文件夹
TOOLS	2019/9/19 13:37	文件夹
EasyU_v3.5.exe	2019/8/27 22:04	应用程序

图6-39　EasyU 文件夹结构

在 U 盘模式下，选择自己的 U 盘，写入模式为 USB-HDD，分区格式为 exFAT，还可以选择自己的 PE 系统壁纸，点击【全新制作】，等待操作完成。

此时你可能会发现 U 盘空了，或者显示有两个磁盘，如图6-40 所示，这都是正常的。

图6-40　制成后 U 盘结构

之后把下载好的 Windows 10 安装包和分区工具转移到 U 盘中，完成后的文件结构如图6-41 所示。

cn_windows_10_consumer_editions_v...	2020/3/31 23:43	光盘映像文件	5,290,486...
DiskGenius	2020/6/15 18:08	文件夹	

图6-41　拷贝安装包和分区工具后的文件结构

（4）在 BIOS 中设置优先从 U 盘启动和进入 PE 系统。

插好 U 盘，重启计算机，在计算机的品牌 Logo 亮起前后按下对应的按键，出现类似图 6-42 所示的画面就表示进入了 BIOS 设置；如果直接进入了桌面，那证明错过了机会，需再次重启。

进入 BIOS 设置后，用左右方向键将高亮条移动到 Boot 选项，然后再用上下方向键将高亮条移动到"1st Boot Priority"选项，回车选中，在弹出来的框中回车选择"USB Storage Device"选项，按 F10 保存退出即可。再次开启电脑，会自动使用 U 盘启动。

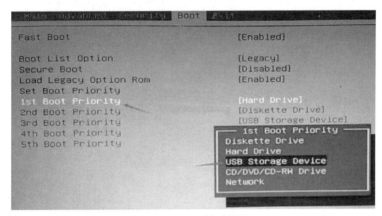

图6-42　设置启动顺序

等待一段时间就会自动进入 PE 系统，图 6-43 所示是 PE 系统的桌面。

图6-43　PE 系统启动

（5）给要安装系统的磁盘进行分区。打开此电脑，双击打开 U 盘（EasyU），双击打开 U 盘里的 DiskGenius 文件夹，双击 DiskGenius.exe 应用程序，打开分区软件。

打开分区软件后可以看到电脑的磁盘信息，图 6-44 所示的电脑有两个磁盘，一个是 HD0，另一个是 RD1。HD0 是一块 256 GB 大小的固态硬盘（实际容量为 238 GB），被分成了四个区：SYSTEM、

MSR、系统、软件（SYSTEM 和 MSR 被隐藏起来，在电脑中不会显示）；RD1 是一个容量为 32 GB 的 U 盘。实际中你的计算机上可能会有 HD1、HD2、HD3 等分区。

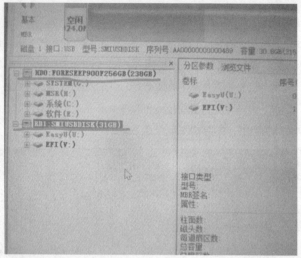

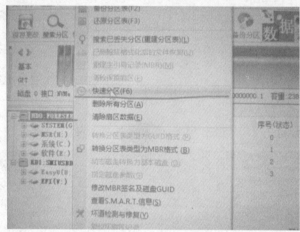

图 6-44　分区软件界面

接下来选择一个磁盘安装系统，对它进行分区操作。如果只有一块固态硬盘，则只能在这块硬盘上安装系统，如果有多个硬盘，优先选择固态硬盘，比如 256 GB SSD+1 TB HDD 的混合盘，就在 256 GB 的固态硬盘上安装系统。

接下来的操作会把要安装系统的硬盘的数据清空，如果有重要数据请提前备份。

用鼠标右键单击你要安装系统的磁盘，在弹出来的快捷菜单中点击【快速分区】。

如图 6-45 所示，分区表类型选择 GUID，分区数目按自己需要确定，本示例选择创建两个分区，实际应用中当然也可以选择创建 3 个、4 个、5 个分区，但是要保证系统分区的容量至少有 50 GB。勾选"创建新 ESP 分区：300 MB"和"创建 MSR 分区"，勾选"对齐分区到此扇区数的整数倍：2048 扇区（1048576 字节）"，点击【确定】。

这时系统会提醒现有分区会被删除，如果重要数据已经备份好了则点击【是】。

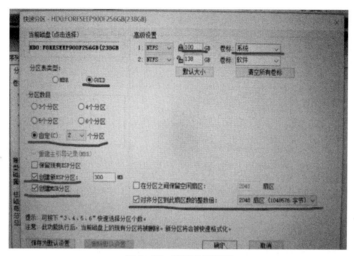

图6-45　快速分区界面

如图6-46所示，可以看到本示例硬盘在分区完成后，系统分区有100 GB，软件分区有138 GB，和上面的分区配置是一致的。

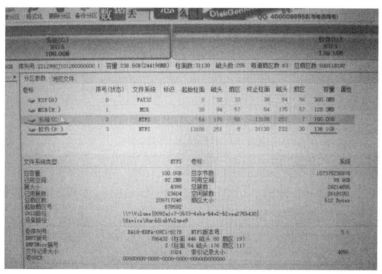

图6-46　快速分区完成

（6）安装系统。前面都是安装系统的准备工作，现在就正式开始安装 Windows 10 操作系统了。

如图6-47所示，打开"此电脑"，双击打开 U 盘。用鼠标右键单击已下载好的 Windows 10 操作系统安装包，在弹出的快捷菜单中点击【装载】。

双击 setup.exe 应用程序。

选择语言，默认是中文简体，点击【下一步】。

点击【现在安装】。

选择"我没有产品密钥"。

如果你的计算机以前没有安装过 Windows 10 操作系统或者以前安装的 Windows 10 操作系统是没有激活的，则选择"Windows 10 专业版"。

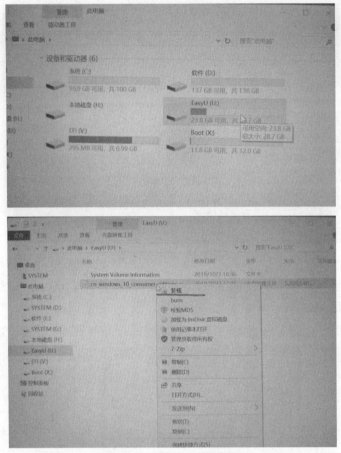

图6-47 打开U盘、装载安装包

如果是重装系统，笔记本计算机原先安装过已激活的 Windows 10 操作系统，则选择"Windows 10"（见图 6-48）家庭版，因为笔记本计算机厂商预装的 Windows 10 操作系统一般都是家庭版，若选择其他版本，安装系统后联网不会自动激活。

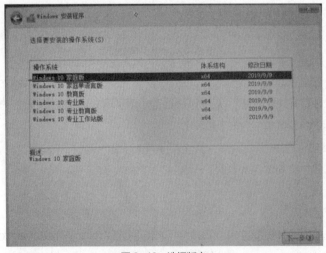

图6-48 选择版本

勾选"我接受许可条款",点击【下一步】。

选择"自定义:仅安装 Windows(高级)"。选择别名为"系统"的主分区(见图 6-49),就可以开始安装了。

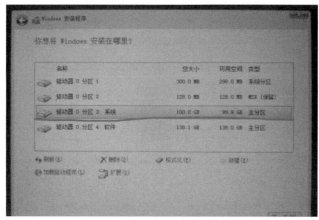

图6-49 选择分区

安装程序走完进度条后,系统会提示电脑在多少秒内重启,重启时电脑黑屏后需马上拔掉 U 盘。

之后会出现图 6-50 所示的界面,此时不要断电,耐心等待。一段时间后,会出现一些基本的设置,按提示完成即可。

图6-50 安装过程

等待一段时间后即进入桌面(如图 6-51 所示),Windows 10 操作系统安装完成!

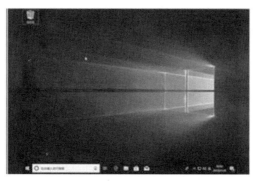

图6-51 Windows 10 系统桌面

（7）安装完操作系统后的操作。

点击任务栏最右边的图标，如图 6-52 所示。

图 6-52　点击任务栏最右边的图标

点击"所有设置"，选择"更新与安全"。

如图 6-53 所示，选择"激活"这一栏，如果看到系统是已激活的，则进行下一步；如果是未激活的，则需要先激活。可在微软官方网站购买 Windows 10 电子激活码，输入后即可激活。

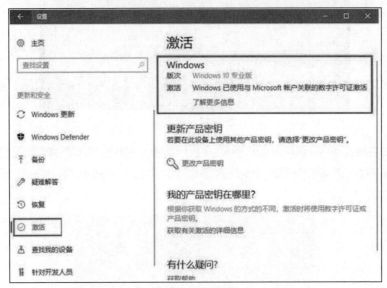

图 6-53　激活界面

系统激活后选择"检查更新"，如图 6-54 所示，之后安装驱动程序和 Windows 10 的更新文件，有些驱动安装完后会提示重新启动计算机。

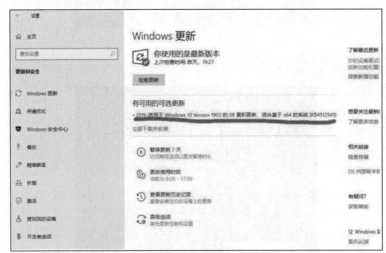

图 6-54　检查更新

更新完成后，如果还有些功能无法正常使用，比如没有声音等，则需要在品牌官方网站下载对应的驱动程序。

有的品牌会提供一键安装驱动程序的软件，如果没有则需要自己一个一个手动安装。本书选择"在站内查找设备驱动"（如图 6-55 所示）进行演示。

图 6-55　查找驱动界面

系统会提示输入主机编号。获得主机编号的方法有：①通过主机背面、侧面或顶部的标识牌查看主机型号和主机编号；②通过 BIOS 查看主机型号和主机编号。

输入主机编号后，即可下载所需要的驱动程序。

3. 安装 Linux 操作系统

通常我们说的 XP、Windows 7、Windows 8 ，Windows 10 等操作系统都属于 Windows 操作系统。除了 Windows 操作系统，还有另一个被广泛使用的系统，即 Linux 操作系统。

Linux 操作系统安全性高，是免费开源的，版本较多。本书以安装 Linux Mint 操作系统为例进行介绍，因为其比较简单，桌面化效果好，较容易上手。

这里以 32 位 Mint _Cinnamon 版为例，安装步骤如下。

（1）在 Linux Mint 官方网站下载 20.3 版的 64 位 ISO 系统镜像文件。

（2）准备一个 U 盘，利用前文所述的普通写入法，用 U 盘写入工具把下载的系统文件写入U 盘。

（3）插入 U 盘，开机启动计算机，按快速启动键打开启动菜单，在启动菜单中选择 U 盘启动即可。

图 6-56 所示是从 U 盘启动后的界面。

为了便于演示，本书采用虚拟机演示安装（如图 6-57 所示），效果与实体机相同。真机操作可省略此步。

图 6-58 所示是虚拟机的启动菜单，如果是真机，请选择从 U 盘启动。

图 6-56　启动界面

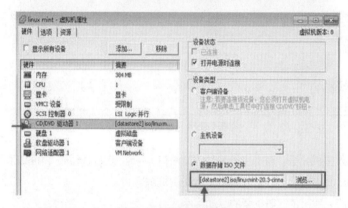

图 6-57　虚拟机配置界面

图 6-58　启动设备选择界面

出现图6-59所示的这个倒计时界面时，按下Tab键或回车键。

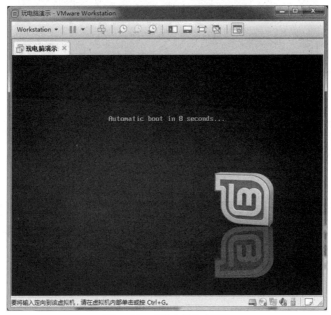

图6-59 系统安装启动界面

如图6-60所示，选第一行"Start Linux Mint"并按回车键。

图6-60 选择安装系统界面

进入Mint的安装桌面，如图6-61所示。双击"Install Linux Mint"图标开始安装。语言选择中文。

如图6-62所示，勾选"安装多媒体编码译码器"，点击【继续】。

图 6-61　Mint 的安装桌面

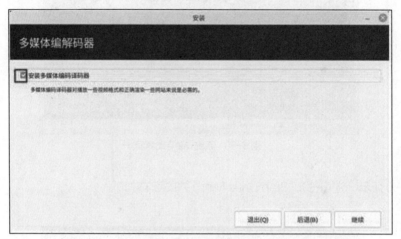

图 6-62　准备安装界面

　　如图 6-63 所示，选择第一项"清除整个磁盘并安装 Linux Mint"，点击【现在安装】，将会自动分区，如图 6-64 所示，选择【继续】。

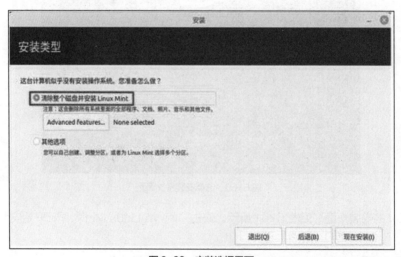

图 6-63　安装选择界面

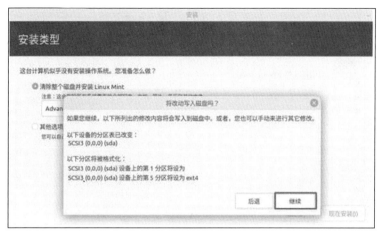

图 6-64　分区操作选择界面

如图 6-65 所示，输入姓名和密码后，点击【继续】。安装界面如图 6-66 所示。

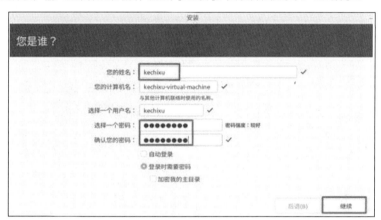

图 6-65　输入姓名和密码

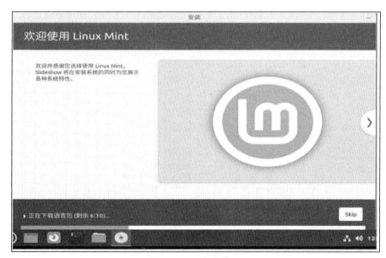

图 6-66　正在安装界面

安装完成后重启计算机，输入密码即可进入桌面。首先出现的是桌面的欢迎界面，如图 6-67 所示；

关闭后就是 Linux Mint 系统的桌面，如图 6-68 所示。整个系统安装完成。

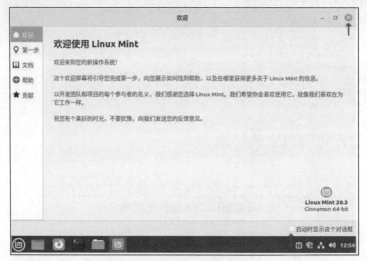

图 6-67　首次进入桌面的欢迎界面

图 6-68　Mint 系统桌面

附录

附录1　单片机系统实验报告

实验课程名称	信息技术基础实训—单片机的程序设计及焊接实践		实验总成绩	
专业		班级	指导教师签字	
学号		姓名	实验报告批改时间	

实验报告分项成绩

序号	实验项目	成绩
1	LED 灯实验	
2	数码管显示及应用	
3	单片机按键检测及蜂鸣器应用	
4	A/D 和 D/A 工作原理	
5	爱心灯套件的焊接及调试	

实验课程总结

从以下方面总结：1.实验体现知识应用和初步研究的能力；2. 反映基本观察、发现问题和分析问题的能力；3. 实验项目内容或者实验课程是否存在问题及下一年度改进意见；4.其他方面

单片机的程序设计及焊接实践

实验目的

掌握单片机的相关知识和焊接技术。

实验内容

LED 灯相关编程、数码管相关编程、按键相关编程、A/D 和 D/A 相关编程，爱心灯系统焊接技术及编程设计。

实验步骤

根据实验过程完成如下内容

实验项目 1 到实验项目 4 需完成实验步骤要求的编程题目和扩展实验中的题目，格式为：题目+代码（关键地方需要有备注）

实验项目 5 要求：需有焊接作品展示，附加爱心灯套件正面、背面焊点图片。按照实验要求完成爱心灯控制程序，并附加相应效果的亮灯图片。程序需要加详细注释。

附录2　树莓派的应用系统实验报告

实验课程名称	信息技术基础实训—基于树莓派的应用系统实践		实验总成绩	
专业		班级	指导教师签字	
学号		姓名	实验报告批改时间	

实验报告分项成绩

序号	实验项目	成绩
1	基于树莓派的应用系统实践基础实验	
2	基于树莓派的应用系统实践综合设计实验	
3	基于树莓派的应用系统实践案例扩展	

实验课程总结

从以下方面总结：1. 实验体现知识应用和初步研究的能力；2. 反映基本观察、发现问题和分析问题的能力；3. 实验项目内容或者实验课程是否存在问题及下一年度改进意见；4. 其他方面

基于树莓派的应用系统实践

实验目的

掌握树莓派的相关知识、设计硬件电路和软件编程技术。

实验内容

（1）通过认识树莓派、烧录树莓派系统、树莓派端口介绍、环境配置和软件安装，引导学生在树莓派上编辑、编译和调试简单的 C 和 Python 程序，得到输出语句结果。

（2）设计算法，实现程序解决测距及 LED 灯的控制逻辑，在 Linux 环境下使用命令编译和执行程序点亮 LED 灯。

（3）解决工程实践问题。

实验步骤

根据实验过程完成如下内容

1. 设计思想。2. 软件设计流程图。3. 源程序（注意：需要加详细注释）。

4. 实验结果。

实验项目 1：需给出树莓派搭建成功的硬件整体图、软件环境配置过程图、运行程序后的实验现象，用语言描述并附加相应结果的图片，完成思考题。

实验项目 2：需给出运行程序后的实验现象，用语言描述并附加相应结果的图片，完成思考题。

实验项目 3：需给出运行程序后的实验现象，用语言描述并附加相应结果的视频。分析结果产生的原因及改进方法，完成思考题。

附录3 智能家居系统实验报告

实验课程名称	信息技术基础实训—智能家居系统设计		实验总成绩	
专业		班级	指导教师签字	
学号		姓名	实验报告批改时间	

实验报告分项成绩

序号	实验项目	成绩
1	智能家居系统虚拟体验	
2	智能家居系统虚拟设计	
3	智能家居系统实物设计	
4	智能电视盒子的应用	
5		

实验课程总结

从以下方面总结：1. 实验体现知识应用和初步研究的能力；2. 反映基本观察、发现问题和分析问题的能力；3. 实验项目内容或者实验课程是否存在问题及下一年度改进意见；4. 其他方面

智能家居系统的设计与应用实践

实验目的

通过智能家居系统的搭建过程，了解传感器的工作原理及无线通信的工作模式，体会智能家居给生活带来的便捷。

实验内容

（1）在熟练掌握各类智能设备使用方法的基础上，构建一套智能家居实物系统。

（2）掌握智能家居的虚拟设计过程，通过开源的仿真平台自主完成智能家居系统虚拟设计。

实验步骤:

根据实验过程完成如下内容:

一、词条解释

1. 蓝牙

2. Wi-Fi

3. ZigBee

4. 路由器

5. 网关

二、模块原理介绍

（介绍在系统搭建中使用的模块的工作原理）

三、智能家居系统虚拟体验

1. 设备名称

2. 体验功能

3. 截图展示

四、智能家居系统虚拟设计

1. 场景介绍

2. 设计流程图

3. 场景展示

五、智能家居系统实物设计

1. 场景介绍

2. 设计流程图

3. 场景展示

六、智能电视盒子的应用

1. 场景介绍

2. 设计流程图

3. 场景展示

七、思考题

在智能家居场景的设计中,用手机远程控制时,指令从手机发送之后是怎样指挥智能硬件工作的?

附录4 通用计算机系统实训实验报告

实验课程名称	信息技术基础实训—通用计算机系统		实验总成绩	
专业		班级	指导教师签字	
学号		姓名	实验报告批改时间	

实验报告分项成绩

序号	实验项目	成绩
1	认识计算机系统	
2	了解计算机的主机系统	
3	了解计算机的外部设备	
4	计算机硬件拆卸及组装	
5	计算机操作系统的安装	

实验课程总结

从以下方面总结：1. 实验体现知识应用和初步研究的能力；2. 反映基本观察、发现问题和分析问题的能力；3. 实验项目内容或者实验课程是否存在问题及下一年度改进意见；4. 其他方面

认识计算机系统

实验目的

认识计算机系统，深入了解计算机系统的组成及个人计算机架构。

实验内容

（1）了解计算机系统组成。

（2）了解计算机硬件系统与软件系统的关系。

（3）明确计算机软件的种类及用途。

（4）完成相应项目测试。

实验步骤

计算机系统的组成 1. 计算机系统的硬件组成 2. 计算机系统的软件组成
计算机硬件系统与软件系统的关系
计算机软件的种类及用途

了解计算机的主机系统

实验目的

了解计算机的主机系统（CPU、主板、内存）。

实验内容

（1）了解 CPU 的种类、性能指标。

（2）了解主板的结构、性能指标。

（3）了解内存的种类、性能指标。

（4）完成相应的项目测试。

实验步骤

CPU 的种类、性能指标

主板的结构、性能指标

内存的种类、性能指标

了解计算机的外部设备

实验目的

了解计算机的外部设备。

实验内容

（1）了解计算机的显示系统。

（2）了解计算机的外存储器。

（3）了解计算机的其他外部设备。

（4）完成相应项目测试。

实验步骤

计算机显示系统的组成、性能指标
计算机外存储器的分类、结构、性能指标
计算机其他外部设备的种类和作用

计算机硬件拆卸及组装

实验目的

计算机硬件拆卸及组装。

实验内容

（1）计算机硬件拆卸。

（2）计算机硬件组装。

实验步骤

计算机的硬件拆卸步骤（文字及照片记录）
计算机的硬件组装步骤（文字及照片记录）

计算机操作系统的安装

实验目的

计算机操作系统的安装。

实验内容

（1）BIOS 的设置。

（2）U 盘启动盘制作与使用。

（3）硬盘的分区与格式化。

（4）安装操作系统（Windows 或 Linux）。

实验步骤

BIOS 的作用、分类及不同的进入方式
U 盘启动盘（PE 启动盘）制作（操作截图）
硬盘的分区与格式化（操作截图）
安装操作系统（Windows 或 Linux）（操作截图）